腾空飞翔——一条芒基蝠鲼在加利福尼亚湾跃出水面。摄影 Octavio Aburto / iLCP

雄性花斑连鳍䲗（七彩麒麟鱼）正在炫耀。

摄影Klaus Stiefel，Packifcklaus.com

盛装打扮——拿骚石斑鱼聚集的时候，在不同阶段会展现出不同颜色，这可能显示出它们准备好交配了。摄影 Paul Humann

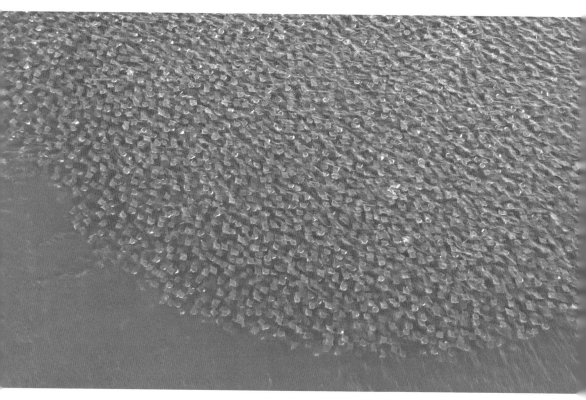

一大群聚集的蝠鲼。摄影 Octavio Aburto/iLCP

一对乌贼正在亲密。摄影 Klaus Stiefel, Packifcklaus.com

这条露珠盔鱼从鲜蓝色斑点的雌性（上）变性为一个色彩更暗的雄性（右）。©Bryce Groark, brycegroark.com

一条雄性章鱼（上）展开他特化的化茎腕伸到下面，进入雌性（下）。©Bryce Groark, brycegroark.com

裸鳃亚目动物通过同时插入彼此的行为展现了"平等交换"的艺术。摄影 Klaus Stiefel, Packifcklaus.com

雄性海豚露着阴茎在巡游。摄影 Tim Calver ©Tim Calver, timcalver.com

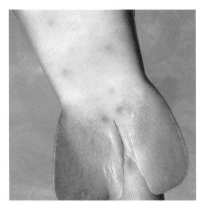

雌性铰口鲨幼崽的腹鳍缺少鳍脚，而雄性铰口鲨幼崽生来就有鳍脚。摄影 Jillian Morris

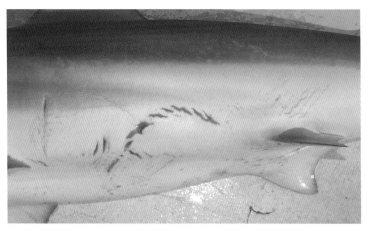

爱之吻——乌翅真鲨的交配伤痕。摄影 Dean Grubbs

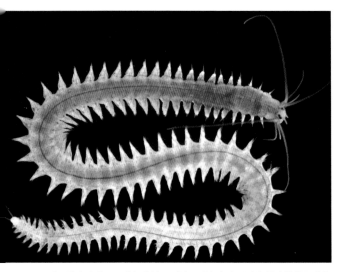
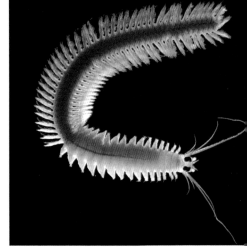

沙蚕的生殖态——底栖的沙蚕科沙蚕（左）变形成为游动的精子或卵子囊（右），并在水面爆开。摄影 Greg Rouse

雌性食骨蠕虫的"橙色项圈"里释放出一缕缕细小、受精过的卵子。摄影 Greg Rouse

雄性白鲍释放出精子。
摄影Kristin Aquilino

一只濒危的幼年白鲍看着外面的世界。感谢卓有成效的博德加海洋实验室圈养计划。
摄影 Benjamin Walker

在开曼群岛的小开曼岛，拿骚石斑鱼在集会中的产子喷发情景。摄影 Jim Hellemn

濒临灭绝的加勒比海麋角珊瑚向海里释放出一团团精子和卵子。摄影 Raphael Ritson-Williams

未讀 A三 DR 探索家

UNREAD

海洋中的爱与性

变性的鱼、浪漫的虾
怪癖乌贼及其他深海奇葩

Marah J.Hardt

[美] 玛拉·J.哈尔特 著　黄波 译

北方联合出版传媒（集团）股份有限公司

辽宁科学技术出版社

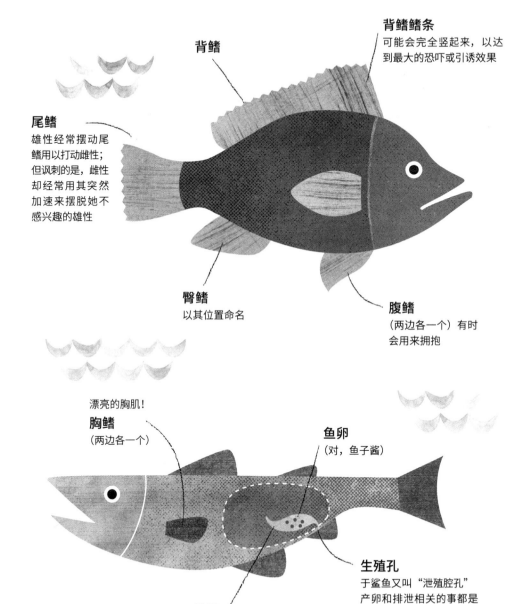

背鳍

背鳍鳍条
可能会完全竖起来，以达到最大的恐吓或引诱效果

尾鳍
雄性经常摆动尾鳍用以打动雌性；但讽刺的是，雌性却经常用其突然加速来摆脱她不感兴趣的雄性

臀鳍
以其位置命名

腹鳍
（两边各一个）有时会用来拥抱

漂亮的胸肌！

胸鳍
（两边各一个）

鱼卵
（对，鱼子酱）

生殖孔
于鲨鱼又叫"泄殖腔孔"产卵和排泄相关的事都是走这里

性腺
精子或卵子工厂
（有时候两种都是！）

目　录

第一幕　约会游戏

第二幕　搞定

第一部分： 交配

第三幕　高潮之后

咸湿的海洋

这闻起来像是性的味道。我漂浮在海面上，看着月光照耀着不断扩大的浮油——那是长夜里性的残留物——不禁有几分浮想联翩。一股明显发霉的味道扑鼻而来。我不应该如此惊讶，因为我刚刚花了两个小时的时间来观察珊瑚的产卵过程。但是，这跟性交根本不是一回事，以至于我从不曾期望它闻起来有性的味道。

我从头发里扯出一缕缕黏稠的珊瑚黏液，和其他研究人员交换了下眼神，他们也像我一样忙着清理黏液。我们相视一笑，心里明白是怎么回事。当大家漂浮在大自然中最大的性狂欢残留物上时，某种亲密的关系就此产生了。

这就是海洋中的性。这是一种对我们来说完全陌生的性，不过还是会有熟悉的味道，虽然也只是一点点。就绝大多数而言，波浪下的性看起来跟我们想象中的性行为没有任何相似之处。然而，这就是经历了几亿年的激烈竞争所产生的奇特现象——一切都是为了繁殖尽可能多的后代。

从最高的礁石顶到最深的海沟底，繁殖与逃生是这个星球上的动物最关心的两件事。因此，大自然投入了大量的精力在性和生存上面。生命最终的目的——成功地将一种生物的美丽外表以及伴随的全部基因传递给下一代，所依靠的就是这两者。但是，两者并不平衡。一个机敏的幸存者可以活得长久，但是独身生活也使其在进化博弈中失去了机会；一个情场高手，虽然善于吸引和获得配偶，却需要活得足够长才能完成繁衍。

最终，所有一切归结于性。

因此，在大自然中，有一系列令人难以置信的方式来搞定这件事。我并不是要说印度《爱经》里各种有创意的性交体位。那只不过是一些姿势的微调罢了。真正的性进化是在荒野中完成的，而在野外，没有哪里比海洋更咸湿、更狂野。毕竟，那儿才是性的发源地，也是自然母亲练习她的生殖创造力时间最长的地方。

在海里，传教士体位是少数派。即使是陆上最熟悉的动物交配的画面——邻家的狗会疯狂地拱你的腿——也是极少见的。相反，性交也可能看起来像握手一样；或者许多个体首尾相连形成一个爱人环；又或者一个只有在显微镜下才能看见的雄性，寄居在巨型配偶的肾脏内，然后排出精子。你可以偷偷地深入那微微发光的海面之下，你会见到蠕虫的阳具大赛、满月时的性派对、日落时闪电式的产卵以及可能是全世界最大规模的3P（情人们全程都屏住它们的呼吸）。

每一种生殖策略都与物种的环境和生活方式相匹配：有寒冷、黑暗、深海的爱巢，也有温暖、光亮、多礁的爱巢；群居的、吵闹的鲸也与喜欢独处和安静生活的鲨鱼形成了鲜明对比；只有在显微镜下才能看清其体形和活动的桡足类与巨型蓝鳍金枪鱼史诗般的旅程也有着巨大反差；既有日日产卵如涌的锦鱼，也有一生只有一次性聚会的鲑鱼。每一种方式在岁月的磨合下都最大化了成功繁殖的概率。那是带有咸湿的性交响乐，让湛蓝的大海保持年复一年的活力，世世代代，直至今日。

大约一个世纪以来，海洋中的性开始变得……有点不太对劲。这对于我们以及淫荡的大比目鱼而言都不是个好消息。

海洋生物在海水深处的生活方式非常重要——它关乎食品安全、人类健康、沿海发展、气候变化以及其他全球性问题。拿食品安全来说，几乎有30亿人以鱼作为主要的蛋白质来源，其中一半的鱼来自海洋。为了满足这么多人口的需要，每年需要大量的鱼成功地产出大量的小鱼。

不过，那不是鲷鱼和沙丁鱼对性生活感兴趣的唯一理由。

沙滩游客和海景房主们请注意：跟中世纪保护着城池的城墙一样，那些由无数牡蛎和珊瑚构成的强大水下暗礁保护和稳定了海岸。这些自然屏障削弱了海浪的能量，帮助海岸线免受风暴和巨浪的侵袭。而且它们是活的墙，不会随着时间消逝，而是会生长，有时甚至会上升到海平面以上。如果失去了这些暗礁建造者，不久之后，沙滩就会退化，沙子会回流到海中。

建造和维护那些巨大的礁石群对动物来说是极其耗费能量的。加上它们还必须抵抗海洋酸化、污染和外来物种入侵所需要消耗的能量，那么可以投入到性的能量已经所剩无几了。这就像长时间的工作劳累而筋疲力尽的人一样——性对于睡眠而言，只能退而居其次了。

我们要依靠甲壳类动物的快速繁殖来给鱼类提供食物，然后鱼类再为我们提供食物。我们也要依赖珊瑚虫大规模的产子来创建珊瑚礁，为成千上万的物种提供栖息地，再让这些生物为我们提供药物、食物以及简单的享乐。我们依靠牡蛎、蛤蚌以及其他贝类的强大繁殖力来过滤和净化沿海水域。无论是否能找到下一个抗癌化合物，为不断增长的人口提供食物，抑或是助推经济增长，我们都要依靠极大丰富的海洋生物来供给——而海洋生物的丰富程度要取决于许许多多的性。如果海洋中没有成功的性，我们就会陷入巨大的麻烦。这就是弄清楚水中究竟发生了什么如此重要的原因。

研究生活在远离海岸、人迹罕至的地方的动物的性生活，不是一件省钱、省力的事。不过，科学家却乐此不疲，日渐进步。就在几年前，我们还搞不清楚到底有多少海洋生物，有些物种我们甚至不知道它们的存在。现在，我们对其中一些生物最私密的事也一清二楚。研究人员手头上有更加先进的工具来监测海洋栖息者的繁殖行为。这些新的方法和技术引发了"色情"科学作品的激增。从深海鱿鱼的杂技般的性交姿势到找出一条雌性鲨鱼（至少）睡了多少雄性鲨鱼，如今，科学论文里充满了性的故事。

这本书会着手探索其中的精华，将最近如火如荼的研究成果从实验室里带到你面前。这些故事包含了从第一次约会到"大功告成"的一整套流程，并总结了在海洋中提高性成功率的方法。这是一次在蓝色大海中穿越红灯区的大胆行动，或许它会令你感到些许惭愧，但也会让人心存希望。毕竟性是生命延续的方式——它是物种生长和丰度的原动力，随着时间的推移也增加了多样性——自然应对环境突变的保险单。我们对性懂得越多，就越能帮助指导这股力量朝着恢复海洋生产力的方向发展，而不是给它设置一个巨大的障碍。

在这里你可以轻松地获得一些灵感，来提高你自己作为陆生动物的艳遇机会，把它当作一种额外的奖励吧……

✧

某些章节开头的小片段所描写的故事都是虚构的，里面的角色不代表或反映任何特定的人或动物。这些文字运用了想象和夸张的艺术手法，敬请各位读者领会精神就好。至于每章开头推荐的"性海背景乐"可以用来助兴和营造氛围。但是如果没有相应的鲸、鲨鱼、鱿鱼、龙虾、鱼及受过培训的海洋专业人士的帮助，请不要在家中随便尝试案例中的行为。

✧

译者说明：作者在书中运用了很多拟人的手法，用于指代动物的代词用的是"he"及"she"，为体现这样的特点，译者在需要体现两性差别的地方，分别将其译为"他"和"她"，在其他地方则为"它"。

约会游戏

海洋生物的性生活，与我们相似，但其中包含的不仅仅是性交。

在两个（三个，或者一百个）个体着手干正事之前，它们必须先调动情绪。性爱之前是引诱，引诱之前是寻觅。

接下来的两章将带你看一看整个过程，即从形同陌路到着手准备进行亲密行为——DNA 的融合。在海洋中，有时候结合是很费力的，需要长达几个月的旅行，还有可能要提前几个星期准备。而有些时候，一对爱人碰头的时间仅仅是一个眨眼或点头的瞬间，之后就分开游走了。从长途寻爱到暗中埋伏动手，在海中寻找和锁定伴侣的策略跟性行为本身一样，花样繁多。不过，我们将从许多动物必须开始的地方开始，那是一项令人望而生畏的任务：从盐水中找到一个配偶。毕竟，对于找到约会对象这件事来说，海洋太大了。

第一章

寻觅

如何在汪洋大海中找到另一半

性海二三事

- 大海里有着众多的微型单身酒吧。
- 拿骚石斑鱼喜欢在岛礁边缘举行性派对。
- 在这个星球上，因为渴望雌性而形成的最大的器官并不是阴茎。
- 雄性蓝鲸是海中的情歌好手。

性海背景乐

1.《找个人来爱》——佛莱迪·摩克瑞
"Somebody to Love" —Freddie Mercury

2.《没有爬不过的山》——马文·盖伊
"Ain't No Mountain High Enough" —Marvin Gaye

3.《得不到你足够的爱》——巴里·怀特
"Can't Get Enough of Your Love, Babe" —Barry White

4.《心动》——海滩男孩
"Good Vibrations" —The Beach Boys

啊，寻觅爱侣从来都不是一件容易的事。

不过，如果你觉得在陆地上寻找一个配偶很难，那么在整个海洋中找到合适爱人简直是不可能的任务。在陆地上，我们只需应付二维空间（毕竟人不能飞到空中），而且陆地只有地球表面（大部分都不适合人居住）的四分之一。另外，我们还有网络，大量的约会网站使用最成熟的运算法则可以确保有共性的个体取得联系。

海洋则是一个更具挑战性的环境，不仅仅是没有婚恋网站那么简单。大海是如此的浩瀚，覆盖了地球上 99% 的宜居空间。当然，会有一些物种生活在小小的礁石上，与它们的"甜心情人"约会。不过，对于从鲸到刺鲅的众多物种而言，它们的个体广泛分布于整个大洋盆地之中。在这个无边无际的空间里，即使是地球上有史以来最大的动物蓝鲸，也不过是一池巨大水塘中的一条小鱼。从高处看，这个二百多吨的庞然大物的光滑轮廓也不过是无尽汪洋中的一个小斑点。而那也仅仅是表面看起来的样子。鲸之下是纵深几千米的海洋，或者有许多动物从中游过，或者什么也没有。而对于海洋中最小的成员——微型食草生物和食物网中最底层的捕食者来说，一桶水就相当于整个太平洋。

如何在这个世界上，在无边无际的海洋中，让个体能够找到彼此。这种寻觅配偶的过程就像寻找圣杯和亚瑟王一样，大多数海洋动物——无论大小——必须承受这个使命，至少一生一次。而且经过了无尽的岁月，它们中有足够的个体成功了。

海洋中旋转移动的球体由无数的沙丁鱼组成，迁移的蝠鲼群可长达几千米，牡蛎礁上蜿蜒的墙体堆叠之高，即使潮位最高时也可以突出在水面上——这些令人震惊的景象证明了一个事实，即使概率再小，从小虾到抹香鲸的各个物种，无一不在坚持不懈地寻找合适的伴侣。对于某些物种，胜出的搜寻策略就是洄游到某个海域，那里是日常或季节性聚会的热闹场合。对于其他一些物种而言，相逢是孤立事件，需要复杂而长距离的宣传才能使其中一方找到另一方。并且，有时需要两者紧密地结合：在正确的时间到达正确的地方，再让其他个体知道你的出现。

寻爱策略 1：去单身酒吧

他遥望整个拥挤的城市。她就在那里，某个角落，保持低调，不想吸引太多的注意。明智之举。但是，这也为他的搜寻带来了更大的困难。他没有办法再继续下去。不过，如果他够细心的话，会发现她早就为他留下一连串的线索来供他追踪。确实，这是他生命中最重要的案子，也是最大的挑战。不过，如此一来，别人也能追寻到她的踪迹。他的使命就是在其他人之前找到她。那可不容易。问过多的问题、过多地暴露行迹，都会引起不必要的注意。因此不能这么做，这个案子需要极强的判断力和高超的追踪技巧。如果遗漏了一个线索，他可能几个星期内都找不到她的踪迹了。

他知道时间不多了。他们两个可能会在几天内死去。

这可以是亨弗莱·鲍嘉电影的开头，也可以是海洋里体形最小的居民的约会回忆录。在海里寻找一个微型的对象就像是在草堆里找一根针一样，只不过草堆有珠穆朗玛峰那么大。想想桡足类动物，作为虾的远亲它为海洋食物网提供了食物。有的只有芝麻粒那么大，有的大概像指甲盖那么长。即使在普通家庭水族馆那么大的地方，一只雄性桡足类一年内随机碰到雌性的机会大概也只有一次。而且，有的个体能活几个月，有的却只有几个星期的寿命。

而在整片海洋中，这种比一粒大米还小的动物究竟是如何在茫茫无尽的海洋里找到一个跟它一样微小（且透明）的对象的？斯克利普斯海洋研究所教授彼得·弗兰克斯博士（Dr. Peter Franks）有一个简单的答案：当然了，它们会去单身酒吧。

在仔细研究这些微小的个体在海里聚会的细节前，下面先说说为什么桡足类的性生活是值得感兴趣的。桡足类虽然小，但影响却甚大。它们小且富含脂肪，可以说是海中的婴儿米粉，养大了无数的小螃蟹、小鱼和鱿鱼。它们外壳松脆，内含黏黏的油脂，也是数量庞大、不停在海里打转的饵料鱼群——沙丁鱼、鲲鱼、鲱鱼的食物。而这些鱼则会成为我们爱吃的金枪鱼、鲷鱼和鳕鱼的食物。桡足类大约有 11 000 种之多，许多小到跟铅笔尖一样大，但它们的数量足以喂饱一群群的鲸。为了达到这个数量，桡足类需要足够多的交配，也就需要雌雄个体尽可能多地接触。

为了缩小彼此的距离，雄性必须有出色的侦察技巧，对游过的雌性留下的微妙线索能精确制导。佐治亚理工学院（Georgia Tech）的珍妮特·燕博士（Dr. Jeannette Yen）是记录动物水中活动的专家。她解释说，如果你像桡足类一样小，水对你的作用就不太一样了：它是又黏又稠的。当桡足类游动时，它们必须一路挖过来，把它们前面的水推开，在混乱的水流中，它们身后留下了一条条的临时通道。就像沙滩上留下的脚印一样，这些就是雌性的踪迹，然后雄性就凭着感觉雌性的路径来一路追踪。

桡足类精巧、柔软的纤毛可以探测到水流中细微的差异。某个方向波浪的涌动可能预示着捕食者的到来，因为这种涌动跟游动的雌性激起的涟漪有所不同。在某些种类当中，雌性在自己走过的地方布满了信息素，这使得她们的信号更加强烈。无论是用触觉还是嗅觉，当一个雄性遭遇到雌性的踪迹时，他真的会跳起来。

他快速地旋转身体，翻滚到痕迹中间，同时他疯狂地、高频地在三维空间里"之"字前进，穿过整个踪迹。一旦他锁定了目标，雄性芭蕾式的旋转追赶就步步紧逼，并且成功地从100个身长那么远的地方靠近对方。这就相当于一个人站在60层高的建筑物上，靠散发出的香水味找到下面街上他心仪的女孩。

这些踪迹持续不过几秒钟，然而，这就是单身酒吧——在扰动的大海中特别平静的水域——起作用的重要地方。桡足类聚集在雌性的足迹残留时间比较长的地方。那就是，静静的、薄薄的两个不同水层相遇的交接处。

海洋并不是一个均匀的蓝色水塘，而更像一个夹心蛋糕。不同的水层有着不同的温度或盐度，一层层堆积起来，从下至上构成整个水体。而当两个水团相遇时，就会出现一个明显的边界。"温跃层"这样的边界就是由水温的不同而造成的。这样的交界面也可以因为盐度的不同而出现，或者，快速、旋转的涡流和洋流通过其中一片水域而不影响另一片的时候，也可以产生边界。这就使得海的截面产生了不同的速率，就像不同海拔处的云乘着不同速度的风一样。

为了让桡足类穿越开阔海域，温度低的与高的、盐度大的与小的、流速快的与慢的水体之间的薄薄的边界，为看上去毫无特征的一水蓝色提供了独特的"地标"。这些边界也相对保持稳定，穿越两层的混合水极少。这也意味着边界层的水相当于一层薄薄的阻碍，并且保持相对静止。就在这里，雌性能把她们的桡足动物的香水泼散到新开辟的通道中。虽然不是情书，但燕认为，雌性桡足类留下的是"爱的信息包"。水体越是平静，信息就能保留得越久。

我们人类可能只能探测到冷暖、咸淡有巨大反差的区域，但是桡足类对水体的体验就像人类体验不同材质的布料一样。对于它们来说，边界层静止且富有禅意的氛围与周边海水的对比好像是丝绸对灯芯绒，使它们很容易探测并聚集到海洋中更加狭小的一小块区域里。因此，除了增加雌性足迹的保质期，这些海洋中的截面还做了所有好的单身酒吧都会做的事：它们把发情的群体聚集起来。越多的桡足动物到达边界层，群体就越拥挤，每个单身雄性找到一个痕迹并展开快速的追求的可能性就越大。

不过，桡足类将来的后代要想找到值得信任的单身酒吧就有点困难了。由于气候变化加剧，海洋表层温度正在上升。一方面，上层较暖的水可以巩固边界层，但温度也可能让这些水层产生的地方发生变化，比如氧气含量（温度越高，含氧量越低），还有各层的食物供给。另一方面，变暖的海洋会促生更加强烈的风暴，而风暴会搅动海面，然后可能在空旷的沧海里干扰或者完全抹去之前那些可靠的分层标记。

即使一个雄性找到了雌性的足迹，也并不代表着一帆风顺。有的种类会开始一场精心准备的桡足类求爱舞蹈，一对对地旋转着来打量对方。它是同类吗？交配过吗？研究表明，雄性桡足类可以发现并优先追求未曾交配的雌性，可能是通过感知某种化学信息素实现的。如果雄性确定她就是唯一，他会一下子扑上去并牢牢抓住不放。

在追求交配的过程中，下一个严峻考验便是被抓住的雌性跳出的有力的"拒绝之舞"。不论是使劲的蹦跳还是剧烈的摇晃，都是雌性阻止受精的方式，可能是她并不需要受精，也有可能是在测试对方的男子气概。

如此费力追寻的背后驱动力就是为了最后一个动作的发生，此时雄性将一个叫作精荚（也叫精包）的一小包精子转移并紧紧粘到雌性尾部的两个生殖孔中的一个里面。它是用第五对胸足来完成这个动作的。

北极有一种桡足动物，雄性不是完全对称的。它们用一条惯用的胸足来完成性事，而另一条胸足（还有它们的触角）仅仅用来抱住雌性。因此，交配场景就会变成这样：左撇子雄性插入左边的生殖孔，右撇子雄性插入右边的生殖孔，导致多数雌性只交配了一边。当然，有两个生殖孔意味着任何雌性可以再次交配——如果她愿意的话，只要第二个爱人用的胸足与先前的对象相反就可以了。

相对于桡足类单身酒吧的平静水域，拿骚石斑鱼（nassau grouper）会去比较热闹的场所。作为孤独的捕猎者，这些石斑鱼就是加勒比海珊瑚礁的老虎，可以长到大约 1 米长，而且平均寿命长达 16 年。它们好斗而且有高度的领地意识，因此见到它们聚在一起的机会并不多，要一直等到冬天的月亮升起……

随着白天变短，温度下降，这些"居家宅人"体内的某些东西开始苏醒。每年有那么几天，它们会从隐士变成享乐主义者。无法抑制的渴望驱使它们从栖息的岛礁游行 160 千米，甚至更长，去参加大规模的性爱狂欢。那是一趟有着神秘意义的非凡旅程。这些孤独的个体平时会在某块礁石边巡游，距离几乎不会超过几个街区，它们是怎么找到那个自始至终发生在岛的另一侧的性派对而极少迷路呢——而且要及时找到？对于拿骚石斑鱼来说，狂欢每年只不过持续两三天。

古巴南部的小开曼附近，研究人员的石斑鱼月夜计划要揭开神秘的面纱了。被安置了小型声波发射器的拿骚石斑鱼可以被一组环绕岛屿的水下电台监听到。路过的石斑鱼产生的信号被记录下来，绘成一幅图，显示了这些单身的鱼类是如何找到彼此来共赴它们的年度狂欢的。

多数情况下，一切是从满月以后一两天开始的，一路从它们自己的地盘来到岛礁的外边界。在那里，它们开始徘徊、守望和等待。而当它们等待时，一部分开始不自觉地被一些诱人的东西吸引。

鱼类有一种非凡的能力，它们能改变自己的体色。和鸟类一样，它们在交配季节经常展示出大胆、引人注目的色调。拿骚石斑鱼会将日常的棕色和米黄色混合的斑点"沙漠迷彩服"变成"黑领礼服"：明亮的白色肚皮与黑巧克力色的背部对比鲜明，形成一套性感的双色打扮。展示这些色彩是它们营销自己的一种手段，宣告着它们已经准备好交配了。这种暗色和对比明显的阴影看上去像是给其他拿骚石斑鱼发出一种"可以发生关系"的信号——对于这类领域观念很强的鱼类而言，这是一个重要的姿态。大家来狂欢派对可不仅仅是想用鳍快速地扑打脸部以示热烈欢迎。

石斑鱼展示出明显的性意图后，它们开始守候其他经过这个岛礁边缘的拿骚石斑鱼群，那些鱼群也有类似的着装。然后，它们游出来一起去参加聚会，随着鱼群迁移到最终的目的地。有些鱼漫游在岛礁边缘，甚至会环绕整个岛屿，同时寻找其他鱼并找到以前的繁殖点。其余的则会直接游出边缘，然后等待大队鱼群经过它们，当鱼流来时，悄悄溜进鱼流中。最老的和最大的鱼常常领头向繁殖地进发，而且比年轻的、小的鱼到得更早，也待得更久。

对于这样长途旅行的成群产子者，什么才算完美的情侣酒店？对于不同物种和区域而言，标准不同，不过大多数情况下，一个突出的地质结构一般会糅合许多特征：边缘陡峭或者在一个巨大的海角，前端突出，或者伸向蓝色的大海。这些地方有利于形成强烈的海流，它可以帮助新的受精卵离开海岸并远离捕食者，或者帮助幼体在岛礁上找到安全的栖息地。好的产卵地的形成有许多理论，不过，看上去位置加上聚会时机两者结合才能为新生的幼鱼提供有利条件。

满月之后的两到三天，随着搭顺风车的鱼不断加入鱼群，已经性唤起的拿骚石斑鱼护送队伍阵容也不断壮大。到了第四天，来自小开曼岛各个海域的所有拿骚石斑鱼的成年个体都到了岛礁西南方向的尖角上。4000 条鱼的集会也代表了岛上整个繁殖群体。

而这也是问题所在。年复一年地，在一个高度可预测的时间，迁移到同一个地点，固然帮助鱼类找到配偶，但也帮助了渔民找到鱼群。产子集会提供了一个极其赚钱的捕鱼机会。在那个很小的区域内，游动着平时一般分散在各地的大鱼。对于渔民来说，无异于瓮中捉鳖。2001 年，在小开曼岛，渔民第一次发现产卵的集群，那里大约有 7000 条拿骚石斑鱼。两年之后，那里只剩下了约 3000 条。一些渔民用简单的线钩就捕走了超过一半的种群。

为什么拿骚石斑鱼的数量锐减？一部分原因必然跟它们对性聚会的执着有关。如果拿骚石斑鱼像人一样，那么在看到派对里人越来越少后，将会抑制参与群体性地生产精子和卵子（合称配子）的欲望——场所产生的诱惑感需要高质量的参与者。像石斑鱼月夜计划的首席研究员布赖斯·塞门斯博士（Dr. Brice Semmens）打的比方："这就像来到一个地下酒吧，只能看到几个大龅牙在那里闲逛，但他们并不是你想要与之交流体液的那类人。"

但是，拿骚石斑鱼不管这些。塞门斯和同事的研究表明，随着数量的下降，拿骚石斑鱼会继续寻找同类来跟随；它们继续在每年的同一个时间在岛礁的同一个地点现身，甚至会逗留更久。群体中鱼越少，成体在聚会上花的时间就越多。

研究人员仍然不知道为什么随着种群萎缩，个体的逗留时间反而延长。可能它只是想再待一会儿，等待一两条特别好色的鱼现身，然后开始派对。或者可能产子需要鱼群有一定的密度，所以鱼群要等到一定的数量才可以开始。我们需要更多的数据才能理解它们为什么逗留，以及更小型的聚会上，产子情况看起来会怎么样。然而，这意味着什么呢？意味着剩下的拿骚石斑鱼群会继续寻找并形成集会，即使它们数量骤减。这为渔民提供了充裕的时间去捕捞。

好消息是产子集会的研究机构正在增长。有了这方面的知识，政府通过权衡短期捕捞收益和鱼的种群健康的长期利益，可以制定更加明智的政策。

寻爱策略 2：利用一点磁场的吸引力

雌性黄貂鱼（stingray，赤魟，音"虹"）没有地方可以隐藏。她们虽然尽可能把自己埋在沙里，但巡游猎爱的雄性在寻找配偶方面有第六感：他们可以定向追踪她的心跳。

跟别的生物一样，雌性平时的身体活动，会发出电脉冲信号。在圆魟（round stingray）中，雄性极其敏感的电磁感应系统可以精确调准到雌性信号频率。在海底掠过的时候，雄性感应到了雌性的位置，摇摆着来到她的上方，拍动他的双翼把沙子一扫而光，好吧，剩下的就简单了。

鲨鱼作为鳐形目（魟即属鳐形目）的近亲，同样可以用电磁波来寻找配偶，距离甚至更远。拿双髻鲨（hammerhead shark，又名锤头鲨）来举例，众所周知，水下山脉附近会聚集大量鱼群。水下山脉是从开阔海域中间的海底升起来的，叫作海底山，这些特征使其成为具有吸引力的交配和觅食场所。锯齿状的斜坡提供了栖息地并改变了周围的水流，形成了上升流和涡流，从而困住了浮游生物和幼虫——简直是路边流动的美食盛宴。这些条件可以让海底山区域的生物多样性远远超过附近水域，并为它们提供了休息站点，让广大的远洋（外海）物种相遇和结合。尽管它的地形特别，但是，这样的海底山对于巨碗状的大洋盆地来说还是显得非常微小。双髻鲨，像海龟和海鸟一样，可以通过跟随看不见的地图找到这些热点，得益于它们感知地球磁场的能力。

每年，鲨鱼都会突访加利福尼亚湾的埃尔巴霍埃斯皮里图桑托海底山。鱼流环绕着山峰，可以多达几十头。这些鱼群多数由雌性组成，较大的、生理成熟的雌性处在中心，她们将小型、年轻的雌性挤到外围。对于雄性双髻鲨，这样的结构为选择对象提供了一个简单易行的方法：他们会直冲靶心。

鲨鱼专家彼得·克利姆利博士（Dr. Peter Klimley）二十多年来一直追踪双髻鲨的活动。他见证了成熟的雄性冲进鱼群中心与正在巡游的大型雌鲨交配。交配过程极少被观察到，但是如果你能看到就会发现，它就像自由落体的慢动作一样。在中层水域，雄性围抱着雌性，两者同时下沉。这对鲨鱼盘绕着，头朝下坠向崎岖的礁石。当它们标志性的锤状头触碰到岩石后，两条鲨鱼便挣脱彼此，然后各自游走。

尽管经过多年的研究，研究人员仍然不知道双髻鲨从哪里来，或者当它们在这个季节离开海底山后，会到哪里去。但是，随着不断成熟的标记和追踪技术的应用，他们知道了鲨鱼来到海洋中特定场所的导航方式。

傍晚时，鲨鱼离开海底山前往远处的觅食地，游行的路线不可思议地精准，到了黎明，几乎可以从同一条路线折回。因为它们游行在中层水域，从空中侦察水太深，从海底观察它们的路线又离得太远。不过，围绕在海底山的地磁场把鲨鱼夜徙的走廊完美地排列起来。克利姆利认为磁场充当了看不见的高速公路，可以在开阔的蓝色世界里为双髻鲨指明方向。

我们人类没有这样会自我微调的指南针，但是感谢 GPS 和声呐技术，人们也很容易找到这些海底山脉。三四十年来，它们成了很受商业水产欢迎的渔场。海底山上聚集了这么多的来自各处的物种，在这里捕鱼就像在产子集会中捕鱼一样：几个渔民就能造成很大的破坏，让海底山的繁殖账户出现赤字。

寻爱策略 3：回到老地方

想象一下，有这么一个人，整个成年时光都在城市里度过，日复一日、年复一年地遇见一大堆有吸引力的单身异性，但必须得等快死了才能嘿咻。而且，遭受这样的折磨还不够，当你最后开始准备做的时候，你唯一的选择就是回到老家，然后把童贞献给高中时代的某个同学。

简单地说，鲑鱼[1]的性生活就是这样子。

多年外出漫游，在海里被成千上万的潜在的配偶包围着，大多数雄性和雌性鲑鱼为了繁殖，必须一直禁欲，直到回到老家的溪流中——通常这条溪流就是它们的父母失去童贞的地方，也是它们出生的地方。它们不得不自己开创道路，抵御逆流，有时还要克服重力爬上瀑布和大坝。它们向前游、向上游，一直游到冰冷的浅滩。在那里，水体清澈，河床布满了鹅卵石，一对对爱人——有时饥渴的路人也会参与进来——一起释放它们的配子，史诗般的旅程以一场高潮结束。它们真的就是一直产卵直到死亡。

对于许多物种来说，这种回归故乡是独一无二的机会，雄性和雌性必须

1　特指太平洋鲑。大西洋鲑则可多次洄游产卵。

抓住。对于鲑鱼来说，这种仪式是在潺潺的溪水中一生只经历一次的大事；对于象海豹来说，这是沙滩上每年一次的喧闹性事，而这些欢腾的成年个体可能就是从这片沙滩来到世界上的。

但是，出席派对并不能保证性交成功。雄性象海豹必须选择和守卫某片沙滩范围，祈祷自己能够走运……而且那意味着要找到一块领地使其符合自然界中最挑剔的客户——待产的母亲。

由于它们的祖先来源于陆地，新生幼兽需要干燥的地方，雌性象海豹必须离开水域找到一个安全的地点来分娩。在水里待了八个月之后，一只雌性象海豹大概会在新年伊始开始她回到海岸的旅程。我们不知道她具体是怎么导航的，但我们知道她的路线非常精确：2008 年，一只有卫星标记的雌性象海豹遵循的路线几乎跟她在 1995 年时一模一样。虽然，一些离群的个体可能会不时改变场地，但总的来说，一旦象海豹选定了一个产崽的海滩——又叫群栖地——那么就不会更改了。而且绝大多数会选择她们的出生地。

雄性甚至必须走得更远，在 12 月，为了躲避寒冷，他们从阿拉斯加附近的水域乘风破浪向南方进发。他们花费很多时间在深达 1500 米的地方猎取猎物，而那里也是逆戟鲸和大白鲨出没的海域。在这些水域，危险系数比在雌性取食的离岸区域高，但是，可猎取的猎物要多得多，而雄性也极度需要这些猎物。一个大型的雄性每天估计要消耗 45 ~ 90 千克鱼和鱿鱼以积蓄力量，来应付接下来的冬日海滩之战。对于雄性来说，来到正确的海岸寻找配偶的第一步是游行几千千米——这只是寻爱之旅中相对容易的一步。

一旦雄性到达海岸，这些"巨人"就会拖着超过 1800 千克的庞大身躯爬上沙滩，然后启动当代的"泰坦战争"。在这场史诗般的力量和勇气之争中，他们用身体作为武器猛烈地相互撞击，为的就是争夺宝贵沙滩的统治权。

观看两只公象海豹的战斗犹如看相扑运动员在圈里对抗，一只象海豹体重跟小卡车一样，而且交战中没有任何规则。成熟的雄性象海豹有着长长的肉鼻子，可以伸出 60 厘米那么长，这是雄性高大健硕的典型特征，也是他们名字的由来。他们的鼻子可以膨胀，而且他们常常这么做，与此同时，他们会用后面的脚蹼站立起来，然后用上半身的重量猛砸对方的头部和颈部，还会用露出的牙齿猛戳对方的眼睛和咽喉。

大多数斗士会被打得鼻青脸肿落荒而逃，不得已撤退到沙滩边缘。他们在那里孤独地度过几个月后，返回到大海中。不过，一小部分冠军可以进入精英序列：他们是沙滩的主人，也代表一种等级，由此得到与不止一只雌性交配的机会，但是最多只能拥有 100 个妻妾。总结起来一只雄性象海豹的性生活就是：一切只为性战斗，多数到死都是"处男"。

对于雌性来说，故事有点不一样。她们在 1 月初到达海岸后几天内产下幼崽，哺育四个星期，然后大概在情人节，她们又可以进入发情期，持续两到三天。这对于雄性来说是宝贵却又短暂的好机会——在雌性返回海洋之前，他们必须播种他们的种子，这是唯一的机会。选定了沙滩之后，雌性在统治沙滩的几只大型雄性中间选择一只并聚集在他周围。她们的寻偶之旅到此结束。在那之后，唯一重要的事情就是在性交的过程中生存下来（稍后再详述），以及从变化的环境中生存下来。

依靠陆地繁殖使得象海豹的繁衍策略易受环境变化的影响，气候变化会导致更强烈的风暴、更高的潮位和不断受侵蚀的海岸线。沿海开发以及与另一个物种的空间争夺（这个物种就是同样觊觎海滨地产的我们）使得沙滩变得不适合繁育，雌性象海豹寻找可供选择的繁殖地也就更难。同时，为了保护这些曾经濒临灭绝的物种所做的努力取得了成功：整个沿岸的种群数量在不断增加，也给我们提供了重新考虑如何与大型野生动物共享海岸的机会。

众所周知，海龟是另一种具有回老家繁育习性的物种。在多数物种当中，雄性和雌性大部分时间生活在遥远的采食场，然后每年回来到钟爱的繁育场所待几个星期。雌、雄双方穿过大洋盆地又一次回到老家，整个旅程是令人钦佩的。正如双髻鲨一样，远程导航可能一部分是依靠精妙的地球磁场地图，距离稍近时，就依靠海滩的气味。幼龟的嗅觉特别发达，使得它们对来自它们出生时巢穴中沙子的特定气味印象深刻。就像一个在巧克力工厂旁边长大的人，它们从几千米外就能闻着味道回到家。

对于墨西哥太平洋海岸附近的雄性绿海龟来说，寻爱之旅相当简单，回家，然后在沙滩边浅水里闲逛就可以了。一旦到了大致相邻的区域，雄性不用怎么搜寻，雌性自然就会来找他们了。

海龟繁育专家彼得·达顿博士（Dr. Peter Dutton）解释说，对于雌性，旅途可能要稍作规划。雌性要经过几个月才能从觅食地回到出生的沙滩。完成这么远的穿越并且要为之后产出的几百枚卵储备足够的能量，就要求雌性事先为繁殖做好准备，即使用不着几年也要几个月。大多数海龟妈妈隔几年在这个特定的季节繁殖一次。不过，当她们得到了足够的休息和恢复后，雌性激素开始起作用并进入排卵期。就是在这个时候，"旅行癖"就会发作，促使雌海龟勇敢地出发，再次回到出生的地方。

她经过漫长而且计时精确的旅程后，会遇到一支饥渴的雄性舰队挡住上岸的去路。之后发生的事就是海龟版的争霸赛，雄性叫嚷着爬到雌性龟壳的上面，还要对付竞争者来保卫他们的领地。

在墨西哥附近的太平洋绿海龟种群中，达顿看到了白热化的竞争。随着雌性游到附近，雄性之间相互撕咬、推撞并试图把对方杀死。每只雄性在雌性上岸产卵之前都会试图拦截她的去路，成为雌性唯一的精子来源。其中一个方法就是用他的爪子牢牢钩住她的肩膀。这样独占一只雌性的决心经常导致雄性骑在雌性背上形成背驮式姿态长达数天，少数情况下可以长达数周。

这种把雌性紧紧控制住的能力令人印象深刻，也是为什么海龟蛋拥有增强男性生殖力的名声的原因：对雄性持久能力的追求已经渗进了我们的文化里。具有讽刺意味的是，这种对性持久力的渴望导致全球许多海龟种群大规模地衰退，因为它们的巢穴被盗挖，然后蛋被当作天然伟哥出售。（谁能想到，持续做爱几个小时的名声竟然会不利于生存？）只是有一点很清楚，没有任何证据表明海龟蛋可以实现这样的性能力。但是，在破烂的沙滩酒吧的黑暗角落里，还是可以发现有男人在啜食外表光滑、像高尔夫球一样的龟蛋。最近几十年里，猎取海龟蛋的禁令和有志愿者巡逻的沙滩已经有效减少了对筑巢沙滩的破坏。超模暨《花花公子》封面女郎杜瑞斯马尔（Dorismar）发起过一个极具创意的保护野生海岸的宣传活动，她制作了一些广告牌，上面印有杜瑞斯马尔懒洋洋但性感十足的卧躺照片，图片上方用西班牙语写着：Mi hombre no necesita huevos de Tortuga. 翻译过来就是："我的男人不需要龟蛋。"这些努力也成功削减了需求，但是市场在许多国家依然存在，有的合法有的不合法。

海龟达到性成熟需要很长时间（有的种类要超过 10 年），而且有相对较低的繁殖率（部分原因是雌性并不是每年都繁育），它们禁不住对成体和龟蛋高强度的捕猎压力。但是今天猎杀只是海龟面临的挑战之一。此外，更微妙的威胁同样迫在眉睫——那就是变暖的气候。海龟打算只有在它们的繁殖周期与合适的温度窗口一致时才去产卵。这是因为沙子的温度决定了孵化的性别，效果相当于染色体 X 和 Y，它们的性别是由天气决定的。夏天出生的宝宝是女孩，冬天则是男孩。

由于气候变化使陆地持续变暖，海龟的性别比例就危险了，雄性出生的数量可能会更少。迄今为止，还没有发现这样的变化，但是研究人员对此一直保持关注。同时，如防波堤之类的物理屏障，虽然意在保护家园以及为旅游者保存沙滩，但经常会破坏雌性海龟赖以筑巢的栖息地。然而，上述挑战没有不能克服的。像杜瑞斯马尔这样巧妙的活动和其他创新证明了海龟保护者就像雄性海龟一样会紧握住目标绝不放弃。某些情况下，结果证明前途是光明的，并且为海龟的未来带来了希望，尽管威胁仍然存在。

为了繁殖而回家的动力也驱使雌性鲨鱼洄游到出生时浅浅的潟湖中来产下她们自己的幼崽。这种准确回到她们自己出生地的非凡本领直到最近才被发现，这多亏了一种基因技术。这项技术应用于研究鲨鱼之前，首先彻底颠覆了犯罪现场调查以及脱口秀节目[1]。

芝加哥菲尔德博物馆的凯文·费尔德海姆博士（Dr. Kevin Feldheim）在鲨鱼身上率先使用了一种方法，那就是用短的 DNA 重复模式，又叫作"微随体"，来鉴定动物个体。这些标记在每一条鲨鱼身上是不同的，就像人类一样。对了，费尔德海姆测试运用的技术跟法医科学家用来寻找嫌疑人的技术是一样的——它的科学原理跟亲子鉴定术也是一样的，亲子鉴定是因用来验证谁是孩子的父亲而闻名于世的。不过，费尔德海姆使用该技术来寻找孩子的母亲。

巴哈马群岛上比米尼野生生物站里，费尔德海姆和他的同事从怀孕的雌性和新生的柠檬鲨身上取得 DNA 样本，这项工作始于 1993 年，持续超过了 20 年。从 1996 年至 1998 年，我自愿在蚊子丛生的潟湖中花了几个不眠的夜晚捕捞新生的幼崽，并从鱼鳍上取下少量样本用来 DNA 操作。那个地方是我第一次观察到有些鲨鱼出生时是有肚脐的，而且小雄鱼从第一天就显示出它们的"雄风"。不好意思，我离题了……

研究表明，鲨鱼返回出生地的能力可以跟鲑鱼相媲美：1990 年，潟湖中有 6 条幼鲨被标记了出来，2008 年和 2012 年她们作为待产的母亲回来了。对于鲨鱼和鳐鱼的大多数种类，我们并不知道雄性和雌性是如何找到彼此的、它们多久繁殖一次以及一次能产下多少幼崽。对于 400 多种鲨鱼中的

---

1 这里指的是脱口秀有一种亲子节目。

绝大多数，我们仅仅懂得这类生物的基本习性。研究人员仍旧不知道柠檬鲨去哪里发生性关系，或者雄性是怎么找到雌性的。和海龟不一样的是，雌性在回到潟湖的路上就早已怀孕了，而且迄今为止，在雌性到达和离开时，并没有发现好色的雄柠檬鲨半路拦截。和大多数关于鲨鱼的未知事实一样，它们基本的性行为模式和过程依旧完全是个谜。

不过，至少有些鲨鱼会使用非常特定的产卵场，搞懂了这些也为鲨鱼的管理提供了重要的视角：这些鲨鱼很挑剔，不会随便找个栖息地。虽然柠檬鲨可以从巴哈马群岛周围几十个位置进入相似的潟湖，但是至少有些鲨鱼一生中只会使用其中一个。失去了那个地点——比如说，因为沿海开发——那么我们就有可能失去这些种群繁育者。

寻爱策略 4：追随悦耳的男中音

雄性蓝鲸唱起了他们的浪漫情歌。如果说雌性蓝鲸有什么和多数其他哺乳动物——从树袋熊到人类——相同的地方的话，那就是她们都喜爱深沉的男中音，而正是由此雄性蓝鲸总结出了一个能为他们赢得配偶的成功策略。

雄性低沉嗓音的魅力有更加根本的原因。事实上，雌性可以通过嗓音判断出雄性是否适合自己，或者至少能判断他的体形：大一点的雄性可以比小一点的发出更低的音调。这种对粗犷低音的本能喜好是如此强烈，以至于在人类这个物种当中，女人一般也喜欢有低沉嗓音的男人，尽管实际上现代文化几乎抹去了更大和更好之间的相关性。在蓝鲸当中，可能也存在类似的吸引力，这也可以解释为什么过去几十年来雄性蓝鲸的音调降得更低了。

这个理论正在不断完善中，不过，它却是源于 20 世纪 60 年代以来的一些有趣数据，包括来自海军潜艇的监听阵列、科考油轮以及海底地震仪收集的数据。所有数据都显示出蓝鲸歌声的音调一直在不断降低——相对于最早的记录至今总共降低了大约 30%。这种趋势最奇怪的部分是，即使蓝鲸来自不同区域、唱的是不同的歌曲，都会发生同样的调整。

就像《窈窕淑女》（My Fair Lady）中的希金斯教授所言，研究人员可以根据他唱的歌精确定位一头鲸的来源（据我们所知，只有雄性会唱歌）。尽管这些独立的种群都唱着不同的歌曲，但是几乎每个种群的音调都有所降低。你可以试想一下，让全世界假日里唱圣歌的人都整齐地降两个调，不去管圣歌怎么个唱法，也没有指挥来协调。这就是蓝鲸在全球范围所做的事。而且研究人员认为这跟种群如何从捕鲸业的影响下恢复有关。

18 世纪和 19 世纪时，蓝鲸得以从早期的捕鲸活动中幸存主要是因为它们被杀后就沉入了海底。但是，到了 19 世纪后期，爆炸鱼叉、蒸汽轮机（接着是柴油发动机）和空气压缩机投入了使用，这意味着捕鲸人如今可以让鲸漂浮足够长的时间，再将它们拖上船进一步处理。在整个 20 世纪，估计有 38 万条蓝鲸被杀，在 20 世纪 60 年代，预测有 95% 的种群（如南极洲的种群）被彻底灭绝。到了 1986 年，在国际商业捕鲸禁令生效时，一只蓝鲸寻觅配偶时的选择已经是少之又少了。

与座头鲸、灰鲸和露脊鲸喜欢聚集在浅滩繁育场所不同的是，蓝鲸不合群，喜欢游荡在大海中寻找高度集中的食物群和潜在的配偶。因此，即使是在捕鲸业造成种群萎缩之前，它们也需要一种可靠方式来长距离交流以保持联系。声音是一个完美的解决方案。声音在水中传播极好，甚至比在空气中还好。鲸利用声音画出一幅听觉图，可以帮助它们穿越几千千米去捕猎、航行以及寻找配偶。我们取得这种联系是通过即时通信工具或者聊天室来实现的；蓝鲸则是运用声音。用非常低的频率——几十赫兹——唱歌的须鲸类，包括蓝鲸，是海洋中的低音炮，发出的声音可以穿越大洋盆地清楚地传到远方。这给研究人员判断鲸真正的交流距离留下了难题：据我们所知，在新英格兰旁边唱歌的须鲸有可能"送信"给另一头游在百慕大群岛附近的同类。

这就是低音起作用的地方。鲸的肺如果给定同等体积的空气，发出不同频率的声音——相当于音乐里的音调——需要不同量的能量，高频比低频的声音需要的能量多。所以，尽管低频的声音也可以长距离传播，研究人员还是推测鲸会在低强度（更安静的）声音和携带高能量的更高音调的歌曲之间有所权衡——它们也想发出更高调的声音。音调相对小幅的上扬可以让鲸的歌声更嘹亮，在大洋中穿行得更远。

回到 20 世纪 60 年代，捕鲸时代少量孤独的幸存者为了尽可能成功地找到配偶，不得不尽量大声地呼喊。因此，蓝鲸在后捕鲸时代可能提高了歌曲的音调以提高一点音量。这些恰好是当时收听阵列第一次捕捉到的声音——蓝鲸从遥远广阔的地方传送来的歌曲。

在接下来的几十年，鲸的种群得到了恢复，它们的动态也发生了改变。水里的鲸越来越多，鲸之间的平均距离就缩减了，因此蓝鲸可以不用远行去寻找其他鲸。与此相反，如果一头雄性想展示它的体形与地位，那就有必要降低音调，可以让其他雄性和雌性听出它有多大。

可是，想正确地搞清楚所有鲸类——全世界范围内的鲸、海豚和鼠海豚——的生活正在发生什么依然是一个巨大的挑战。像"美国国家海洋与大气管理局的国家海洋哺乳动物实验室鲸类评估和生态项目"的领头人菲利普·克拉珀姆博士（Dr. Phillip Clapham）所评论的：研究鲸类就像在永久不散的迷雾中研究狮子一样，只能每过二十分钟左右看到一点头或尾。而对于采集种群规模和性别比例的科学家而言，鹿或松鼠的数据在一个季节里就能收集完毕——甚至有时一个下午就能搞定。

克拉珀姆就此做了个总结："任何有理智的人无论如何也不会去研究鲸类。"这种观点听起来很对，特别是当你考虑到研究涉及的尺度的时候。作为真正的世界旅行者，对于最大型的鲸而言，大洋盆地就像一个水塘一样。

有一次，克拉珀姆曾经追踪一头濒危的雌性灰鲸，之前在靠近日本北部的库页岛的夏日栖息地已经有同事对它进行了标记。这头鲸游过整个太平洋来到东太平洋的灰鲸繁育场所——墨西哥沿岸的水域和潟湖。它待了几个小时，然后向北穿过白令海，回到俄罗斯。这就像是从洛杉矶飞到巴黎吃了个午餐，然后再返回——只不过鲸类用的是它们自己的四肢来旅行。

不管从哪个方面来说，鲸宏大的生活尺度都是我们难以想象的。长久以来，我们已经知道它们可以旅行很长的距离，但是现在看起来它们交谈的距离也同样广阔。这意味着它们的谈话可以穿过海洋，比电话和电报线更早，当然也比跨国的线上约会更早。

蓝鲸也不是唯一使用大功率低音乐器宣传它们行踪的动物。抹香鲸也可能采用这种策略，虽说效果稍有不同。作为凶猛的捕猎者，抹香鲸能够在黑暗的深海捉到巨大的鱿鱼。雄抹香鲸过着独居的生活，这种状态偶尔会被短暂飞快的性行为打断，不过，前提还得是找到一个配偶，这些配偶高度分散且经常不能交配——一头雌性抹香鲸大约每五年繁殖一次。与蓝鲸相似，雌性抹香鲸不会在一个区域内聚集产崽。相反，一头雄性必须抓住机会，希望在大海中巡航时能偶遇一小群雌性，而且其中还要有一头准备好了繁殖——如果他够幸运的话。

他要探测到相对较近的雌性的一个方法就是倾听。抹香鲸的雄性和雌性都会发出一种咔嗒声来交流和回声定位。那是一种持续的咔嗒声，特别是在吃东西的时候。雄性可以通过定位追踪那种咔嗒声并且加上自己独特的花腔来和声。一头大型雄性抹香鲸不只可以发出咔嗒声，这些大男孩还可以发出轰隆隆的声音。

成年雄性抹香鲸可以随心所欲地发出地球上生物能产生的最响亮的声音。这种闻所未闻的响亮呼叫到底是出于什么目的，我们还不知道。理论上可能包括求偶、击退竞争者乃至震晕猎物。我们所知道的是，雄性发出的每个轰隆声都诉说着很多内容。

研究海洋哺乳动物如何发声和收听的专家特德·克兰福德博士（Dr. Ted Cranford）解释说，抹香鲸响亮的轰隆声是由一对位于鼻子内的发声唇状物发出的。为了搞清楚这个，克兰福德不得不制作抹香鲸头部的精细模型——这可不是一项容易的工作，他通过利用研究火箭用的CT扫描仪做成了一个。克兰福德精心制作的图纸揭示了一头雄性抹香鲸头部基本上是一个巨大的竞技场。声音由头颅前上部的发声唇状物发出，接近抹香鲸标志性轮廓中类似直角曲线的地方。然后声音转向头骨的后方，从那里以向下向前的角度再反弹，最终从平坦的前额发向海里。和其他的回声一样，并非所有的声音都能完美释放——有一些会在头骨内来回反弹数次。所以，听起来巨大的轰隆声，细听之下，更像是一连串"隆隆——隆——隆——隆"。声音从头骨的前端传到后面，接着从后面向前额发出，所持续的时间直接与鼻子的长度有关。所以，连续回声之间的间隔刚好可以用来估算鲸鼻子的大小，然后也就能估算出整头抹香鲸的大小。比贝斯还低的低音暗示着蓝鲸的大小，对于抹香鲸而言，呼叫的回响则展示了关于它的一切。

抹香鲸拥有这个星球上最大的鼻子，而且其中充满了油脂，可以用于集中声音。但是，这些油脂需要身体花费大量的能量来制造。更重要的是，这些资源是被锁定的——如果一头鲸挨饿，它并不能代谢掉这些巨大的能量。塑造了一个耗能如此巨大的鼻子，又不挪作任何他用，可以说是一项巨大的投资，这也反映了鼻子对生存——还有交配成功的重要性。这个鼻子终其一生都在持续生长，而且雄性的和雌性的相比，大得不成比例，这显示出一定的性特征选择在起作用。无论更大的鼻子是能赢得更多雌性的青睐，还是能通过展示力量挡住更多的竞争者，鼻子更大的大个儿雄性的确有可能吸引更多的伴侣，而且从长远角度来看，也能繁殖更多的后代。这意味着抹香鲸赢得了"拥有这个星球上最大的性选择器官"的头衔，获奖器官是鼻子……

尽管有卫星标记、声呐和潜水装备，我们仍然没法知道地球上最大的动物是在哪里性交的。这样的神秘有着些许浪漫色彩。但是这也使得我们在妨碍了它们的生存之后，很难帮助它们摆脱困境。特别是因为总的种群规模可能并不是它们恢复的唯一重大因素。

我们知道一个巨大的鼻子有着实实在在的好处，否则这项庞大的投资就得不偿失了。一部分奖励是繁殖概率的提高：更大的鼻子能赢得更多的异性，就有机会成为更多孩子的爸爸。这不难想象，雌性在进化过程中更喜欢那些大的、占优势的雄性，不会乐意对小个的、不成熟的求偶者做出反应。如果情况确实如此，那么仅仅从种群数量下降单方面来看，交配成功率比我们预估的还要低更多。从鱼类到鲸类，研究人员正试着了解缺失了最具吸引力成员后，种群繁殖会如何受到更加微妙的影响。

巨鲸的"长途电话"创造了一场奇怪、近乎缥缈的交响乐——有些我们可以听见，多数则不能。但是随着近年来科技的进步，出现了诸如装备有声学收听站的浮标，它们可以帮助我们更好地理解发生在盆地里的谈话。想想吧，一头纽芬兰附近的鲸有可能跟百慕大旁边的鲸进行交流，这也促使我们重新思考鲸有着什么样的约会游戏规则——以及人类的活动是如何破坏它们的交谈的。

现在的海洋远比过去更加吵闹。船舶交通在扩张、离岸油气钻探在增多、依赖声呐的海军活动在上升——所有这些都会在全球海域内带来不断增加的噪声。而且许多机器产生的声音的频带刚好与海洋哺乳动物相互交流的声音在同一范围内。像海底电缆上的静电、嗡嗡作响的船舶螺旋桨、气枪的冲击波和声呐装置正在创造一个"听觉迷雾"，导致许多海洋动物求偶（还有航行、捕猎和社交）的覆盖范围大幅缩小，有些区域高达50%。试想如果这发生在我们最依赖的感官上，比如我们的视力减弱一半，那会如何改变我们的活动和求爱方式呢？再者，这个问题影响的不仅仅是鲸，接下来我们会看到，还有许多依靠声音来吸引配偶进巢的雄鱼。

什么才算声音的合理使用以及它对海洋生物会产生什么样的影响？对于这个问题的争论是军事力量、化石燃料巨头、船舶大企业与海洋科学家之间的较量。海洋科学家刚刚开始懂得这种当代的"声音污染"现象对动物的直接及间接影响——包括它们性生活的成功率。

有的时候并不是这样的情况。有时制造喧闹的不是我们。

当声音大到吵醒了西雅图一半的街区，人们意识到必须做点什么制止这个噪声。但是，这声音的背后是谁呢？是不是一群无所事事的和尚在小山顶上念经呢？或者是一帮小孩子在吹迪吉里杜管[1]呢？

结果证明这间歇出现但持续不断的低沉的嗡嗡声并非来自陆地，而是源于海洋，它让整个海岸都感受到了震动。更确切地说，它来自发情中的斑光蟾鱼（plainfin midshipman fish）。这是一种小型鱼类，雄性通过发出持续的嗡嗡声引诱来自下层水域的雌性，那样雌性可以循声从黑暗的水域来到布满卵石的浅处海滩。随着西雅图海岸的开发，码头上的船体放大了雄性求偶的嗡嗡声，在平静中造成了一场骚乱。

这种鱼小且细长，大约只有人的前臂那么长，长着一个宽阔的头和一张蛙状的脸，这些海中居民平时出没在近海，在晚春和整个夏天期间，它们会来到布满岩石的潮间带繁殖。雄性先行到达，标注领地，然后在浅滩中建立巢穴。一旦住进了他们的巢穴，游戏便开始了，他们比赛看谁可以发出最性感的信号——一种低沉的振动，听起来像是综合了雾号[2]和遥控飞机的一种声音。

在交配季节，因为身体准备产卵，激素增强了雌鱼听到雄鱼特殊频段嗡嗡声的能力。从海洋深处，她可以找到几千米外的雄性。类似于激素激增可

1　澳大利亚土著使用的一种乐器。

2　雾号，一种航行设备，用于船只、救生艇或海岸服务的在雾中或黑暗中发出警告信号的号角。

以让母亲对新生儿的嘤嘤声特别敏感一样，在雌性斑光蟾鱼准备产卵时，激素的变化也会提高她听到雄性特定频率的叫声的能力，在她们听来，那种颤音会既清楚又洪亮。方便的是，在雌鱼产完卵之后，她的激素迅速回退，之后她就可以屏蔽掉所有附近献殷勤的雄性发出的连续嗡嗡声。像一个女人终于不用理睬路边的口哨声一样，雌性斑光蟾鱼平静地游往深海。西雅图的居民就没那么幸运了。他们必须忍受雄鱼那蓬勃高涨的歌唱，一直到夏季结束。

寻爱策略 5：让水花四溅

如果你想让更多人参加狂欢，没有比熟练的腹部拍水动作更能吸引四邻的了。这可能也是蝠鲼（音"浮奋"，mobula）别致的飞行动作背后的一种策略。蝠鲼看上去类似隐身轰炸机，是前口蝠鲼（manta ray）和鲨鱼的近亲，可以暂时摆脱重力和水的束缚从海中跃出，画面颇为壮观。几乎所有种类的蝠鲼看起来都有这种空中体操的嗜好，它们可以跳离水面高达 2 米，落水时发出"砰"的一声巨响，但是没有任何一种蝠鲼能像加利福尼亚湾蝠鲼一般非凡。

这些蝠鲼平时是海里的独行侠，但每年都会聚会，一眼望去数也数不尽，鱼群可以横跨两千米。在季节性的聚会中，往海中看去，清澈的海水中有几十万的蝠鲼，就像在看一幅移动的埃舍尔的画[1]。菱形的蝠鲼形成一个变形的棋盘，而且有几十层那么深。随着每层都以稍有不同的速度

---

1 埃舍尔（M. C. Escher，1898—1972），荷兰科学思维版画大师，作品多以平面镶嵌、不可能的结构、悖论、循环等为特点，从中可以看到对分形、对称、双曲几何、多面体、拓扑学等数学概念的形象表达。

移动，真不知道该看哪儿。直到它们跳跃起来，跃起者便吸引了所有的目光。斯克利普斯海洋研究所加利福尼亚湾项目的研究员乔什·斯图尔特（Josh Stewart），把坐在小船里漂浮在蝠鲼群上的经历比作待在一个巨大的爆米花机里：蝠鲼从各个方向不断"砰砰"地跃出水面。不管你看向哪里，到处是蝠划滑过天空的画面。它们拍打着翅膀一样的胸鳍从空中越过，然后水平滑行，露出闪闪发光的白肚皮。也就是说，在着水之前，它们与水面保持完全的平行。当它们用宽阔的腹部击水时，水花在强烈的击打下就会四散飞溅，发出一声巨响，或许这就是它们的飞行如此壮观的原因。

蝠鲼跳跃的原因仍有待发掘，但是斯图尔特和他的团队正在揭开其中的秘密。最初的两个理论：跳跃是为了驱逐讨厌的寄生虫，或者是雄性向雌性炫耀自己的方式，都不是很令人满意。如斯图尔特提到的，众所周知，蝠鲼会访问"清理站"，在那里的小鱼会殷勤地帮它们除掉所有寄生虫。而且，他还说："如果宿主仅凭跳跃就能抖掉寄生虫，那么这个寄生虫也太差劲了。"至于跳跃是雄性为了展示自己的理论……其实，雌性跳的也一样多。斯图尔特最近的理论认为这种空中冒险行为是聚集群体的方式。在其他的前口蝠鲼和蝠鲼的种群中，在小型群体集体进食时就可能跳跃，有时可以吸引几十条其他同类。（但是，加利福尼亚湾的鱼群不可能是进食集会，因为鱼群实在太大。有几十万张嘴在前面，不会给后面的留下太多东西。）

所以，拍水是蝠鲼的一种沟通方式（它们似乎没有发出任何其他的声音）的想法听起来是合理的。加利福尼亚湾是一个很大的地方，尽管季节也许暗示着群体性交配的时间快到了，但蝠鲼个体毕竟需要游过广阔的大海找到鱼群。像游行队伍一样，在各个街道巡回前行时顺便会带走一批人。飞行的蝠鲼降落时的拍水声在很远的地方就可以听到，能帮助来到这个区域的蝠鲼找到它们的同伴。一旦聚集到了一起就更加容易找到配偶了，甚至找到一群中最好的个体——这可能就是活跃的弹跳可以帮到雄性和雌性的地方。听着独特的砰砰声，看着跳跃所展示出的生机，让人很难不联想到这些蝠鲼是在炫耀自己，至少有那么一点点吧。

寻找配偶的探索过程对地球上的物种是一种普遍的挑战，包括我们人类在内。我们自己的追寻过程可能很简单，像买一杯饮料给酒吧那个迷人的男子或姑娘，又可能很复杂，走遍全世界才找到一个伴侣；可能看起来像一个高级的名媛舞会或者也可能是一场只有单身者参加的巡游。在大海下面，各种生物也会展开类似的不同策略来完成它们的寻偶使命。

不过，所有这些工作只是为了发现潜在的伴侣，缩小雄性与雌性之间可能存在的距离。这些方法并不保证取得联系以后就能立刻火花四射。基本上，搜索和发现只是漫漫长路的第一步。下一章讲述的是海洋生物如何从最初的接触阶段进展到求爱阶段……同时还会关注它们的终极目标。

第二章

诱惑

如何博得情人的芳心

性海二三事

- 在海洋中，尿可以成为一种强力的春药。
- 某些雄鱼会伪造父亲的身份，以得到更多的授精机会。
- 乌贼是高超的变装者。
- 在某些鱼中，雄性越小，性腺越大。

性海背景乐

1.《让我们嗨起来吧》——马文·盖伊
"Let's Get It On" —*Marvin Gaye*

2.《九号爱情药水》——三叶草（由杰瑞·莱伯和迈克·斯托勒创作）
"Love Potion #9" —*The Clovers(written by Jerry Leiber and Mike Stoller)*

3.《营业时间》——弦乐航班
"It's Business Time" —*Flight of the Conchords*

4.《洛拉》——奇想乐队
"Lola" —*The Kinks*

　　她已经关注他好几天了。她在上班往返的途中会经过他时髦的房子。他高大、强壮而且对邻居出了名的盛气凌人。她就喜欢他的硬汉本性。而且昨天她真的坠入了爱河。

　　那是因为他的味道。一阵微风轻轻吹拂，在她经过时，他的男性气息让她的脑袋一阵眩晕。他站在门厅，正在锻炼身体，富有弹性的肌肉沁出了汗水，闪闪发光。他的气味令人陶醉。就在那一刻，她认定了，他就是她的唯一。

　　她主意已定，一大早就动身悄悄地来到他家门前，然后按响了门铃。不请自来是有风险的。大家都知道这家伙发脾气算是好的了，动辄就是一顿打。但是她准备好了。门一打开，她就在台阶上撒了一泡尿……然后拼命跑开。这样做了好几天之后，她知道，他已经完全属于她了。

✧

当然，对于人类而言，"黄金浴"仅仅是一种小众的癖好，但这种策略在动物王国，包括海洋世界，被证实是非常流行的春药。这种奇异的气味诱惑只不过是海洋生物试图追求伴侣的许多策略之一。就像我们人类有各种各样的调情工具一样——爱抚用的长鞭、舞池中性感的萨尔萨舞——海洋生物的诱惑策略也往往夹杂着各种元素，有的甜如蜜糖，有的则极为狡猾。一些物种选择滑稽路线，摇动着并露出一点皮肤——或者鳞片——来获得潜在情人的注意。有一些则通过建立时髦的爱巢或者表演精心设计的歌曲和舞蹈来炫耀它们的地位。还有一些会在它们的生命周期内直接变性然后接管它们曾经用于壮大种群的后宫。在海洋中营造情绪的时候，不同的举动适用于不同的群体。然而，在我们人类中，不同的个体能够接受不同的诱惑方式，但是在海里，每个物种都执着于这样或那样的某一种方式。

这意味着一旦我们知道一些个体是如何求爱的，我们便可以非常肯定该物种其他个体也会用到同样的规则。换句话说，雄性鳕鱼不必搞清楚是一束鲜花还是一双手铐是更好的求爱工具——所有雌性鳕鱼可能只对同一种东西感兴趣。这对追求者而言是好消息，只要专注地完善求偶的舞蹈，或者建一个爱巢，又或者调制完美的尿液混合物就好了。但是，这种依赖于单一技术的求偶也可以使一个物种变得脆弱。如果人类活动改变了调情和求爱发生的方式，那么就没有可代替的仪式来依靠了。如果最好的表演者消失了（比如说，作为水产贸易中首选的类型被抓走），那么雌性对邀请她共进烛光晚餐的雄性就没有什么可选择了，即使他舞跳得很糟糕。寻伴之旅结束之后，个体想要最终搞定就必须立刻尝试引诱——这是一种艺术形式，在海里可以提高双方性交成功率，同时也增加了脆弱性。

诱惑的香气

在龙虾的世界里，没有什么比在你爱人的脸上撒尿更能"让大家嗨起来"了。雄性和雌性依靠闻他们尿液里散发的肉欲气息营造气氛，而且，两种尿液一旦混合，便可以使潜在的对手不再靠近，直到夫妻俩完成他们甲壳类的圆房仪式。对于任何一个在冲浪时摔倒、被呛一鼻子咸水的人而言，在海里闻气味的想法听起来有点不太令人舒服。但是，龙虾不是靠鼻子来闻气味的，它们用的是触角——两对触角中较小的一对。

当一只龙虾在水里轻轻摇动小触角时，就是在嗅探周围的环境，接收化学物质的浓度梯度的微妙变化，而这种梯度则意味着食物、捕食者或者其他龙虾的到来。美洲螯龙虾（Maine lobsters）又名缅因龙虾、美国龙虾[1]，当一只雌性出来求偶——这个物种是女求男的倒追模式——她会用她的触角探路，走向她挑好的雄性，然后再用她令人陶醉的气味勾引他。

缅因龙虾，无论雄性还是雌性，尿液里都包含了很多信息。为了争夺最梦寐以求的庇护所——刚好可以容纳两只龙虾到里面交配，雄性就会展开一场名副其实的撒尿大赛，以互射尿流的小冲突开始，然后升级到水下版重量级拳击赛。缅因龙虾能长到超过 20 千克，是世界上最大的甲壳类动物之一，因此它们的战斗可以说非常激烈。它们猛击对方，锁住再压碎钳子，折断腿脚，还会剪断部分触角。当迈克·泰森咬掉伊万德·霍利菲尔德一块耳朵的时候，他打的就是龙虾式拳击。

但是，在龙虾的世界里，很少有复赛。至少不会立刻进行。波士顿大学教授吉尔·阿特马博士（Dr. Jelle Atema）实验证明失败的龙虾可以记住胜利者尿液的气味，并且至少在一周内不会与对方再进行一场战斗。另一方

---

1 美国龙虾的正式名称叫"美洲螯龙虾"，和我们常吃的小龙虾是近亲，同属螯虾下目，有两个大螯钳。而龙虾则属无螯下目，特征是没有两个螯钳。下文中所称龙虾特指"美洲螯龙虾"。

面，一只胜利的龙虾在每次胜利后都会更自信，这种态度可能会体现在它尿液的气味上。

除了尿量会增加，胜利的龙虾可能会在它们的气味中加入一种标记，这种标记会表明它们的身份并用来威胁雄性对手。尽管它还没有鉴定出这种特殊的化合物，但是阿特马指出，龙虾尿液的作用可能不只是用于识别个体；对于占优势的雄性，它可能还表示"我是坏蛋，而且我会踢你带壳的屁股"。这种"信心香水"对雌性龙虾会产生强大的吸引作用。

被好斗的雄性吸引的单身雌性会遇到一点困难：她必须保证在交配中不被殴打。在交配季节，大个儿雄性龙虾完全是野兽。典型的行为就是经常夜袭邻居龙虾的庇护所，包括那些雌性。接近别的龙虾的巢穴之后，大个儿的雄性会停下来在门前发射一股尿液。几分钟后，里面居住的龙虾——如果够聪明——会走出巢穴，给大个子让路并让它进去。这种欺凌弱小的行为会持续几分钟，你懂的，只是显示它的能耐。然后它继续前进，一次次在整个街区重复骚扰行为。

这就是龙虾版的化学战和心理战。通过持续不断地欺凌它的邻居，一只雄性会让所有人记住谁是老大。

因此，对于雌性来说引诱一只具有统治地位的龙虾，有一点类似向变身后的"绿巨人浩克"求婚。这需要一个妥善的方法和一剂强力的春药——强到至少使他着迷一个星期。

龙虾特别喜欢前戏。

在啪啪啪方面，母龙虾特别幸运，2500 万年的漫长演化，为她提供了足够的时间完善她们作为药剂师的技艺。母龙虾来到攻击性十足的公龙虾家门前，唯一要做的就是向雄性喷射尿液，每天只需一点点，几天后，他就在她钳下任其摆布了。

雄性和雌性龙虾都会充分利用向前喷射尿液的能力，这需要一些独特的生物工程设计（哺乳动物的阴茎就是一个例子）。对于多数动物，放水的管道在进化中会远离头部，理由很明显。不过，龙虾的膀胱位于大脑下面，它的眼柄下方有两个储液囊，里面装满了足量的尿液。它们与两个喷嘴相连，雄性和雌性就是通过这个喷嘴滋尿。然后风味强烈的混合物可以通过龙虾的呼吸创造的强力水流向前扫射。这种技术使得它们的尿液可以从眼前直射出去……可以射到七个身长那么远的距离。相当于在 12 米的校车里，一个少年从车的最后一排一直尿到挡风玻璃上。

雌性的策略既腼腆又快捷。她每天短暂地拜访心上人的洞穴，向内轻轻挥动她的触角，嗅出他的踪迹，然后快速地在他脸上喷洒自己的尿液（那些朝前的喷嘴这时很好用），然后赶紧从那里逃掉。起初的几次，每次雌性回来，雄性可能会冲向她，甚至重重拍她一两下。但是，最终她的春药开始慢慢将他控制住。

雄性开始释放自己的尿流，并猛扇像鳍一样的附肢。这个附肢叫作游泳足，就在龙虾的尾巴下面。这种行为把她的气味带了进来，同时将他和她的尿液混合物从他身后冲到外面。多数龙虾的庇护所都有一个后门用来逃生，他俩尿液的混合气味就这样漂到了外面，到处散播着情侣的意图——这对龙虾可能会在巢里交欢，但他们并不会秘而不宣。

最终，雄性变得足够平静，让雌性进入他的巢穴。起初，她会待一段时间并只允许他达到一垒或二垒：他们用触角和有节的肢体进行诸多的性挑逗，但也就仅此而已。龙虾保护协会的资深科学家及阿特马的学生戴安娜·考恩解释说，对雌性来说，这种短暂同居是一种考验。雌性想知道雄性是否真正地控制了庇护所，或者是否有另外一只雄性可以把他踢出去。最重要的是，一只雌性龙虾需要知道当交配发生时，她的伴侣是否可以提供从头到脚的保护。对雄性来说，这是他的一个机会，可以了解她是否成熟以及是否做好了准备——从他可能闻到的和尝到的东西来判断。龙虾腿上有类似味蕾的东西，所以两只求爱的龙虾持续地接触其实更像是在相互品尝——他们是在用脚相互舔对方。实在是有点变态。

像所有节肢动物一样，龙虾的骨骼长在身体外面。这意味着随着它们长大，它们需要脱壳，脱掉老的外壳长出更新、更大的壳来容纳日渐长大的身体。尽管雌性可以在两次脱壳期之间交配，但是刚脱完壳是交配的最佳时间。理由如下：当一个雌性从她太紧的紧身衣里脱壳出来的时候，她也会脱掉她的个人精子库——那是一个位于尾巴下面的小型容器。雄性将他们的精包存在这里，随着雌性卵子发育并准备产卵时，她便可以从中自取——以前交配留下的所有精子会随旧的精子库一起被抛弃；一只新的、空的容器会伴随着新的外壳长出来。

换句话说，雌性龙虾可以失去"童贞"，但也可以重新回到"处女之身"。

对雄性来说，与刚脱壳的雌性交配给雄性提供了绝好的机会，可以用自己的精子充满空精子库（有且仅有他的精子）。对于雌性，这意味着有机会马上填满她的新"储藏柜"，可以让她在下个脱壳周期之前受精并孵化满满一批或两批卵子，也就没有必要再次交配了。那么问题只有一个：刚脱完壳的时候，雌性龙虾是最脆弱的。

雌性龙虾在脱壳期好像是脱下一套盔甲换上了一身发亮的丝质长袍。虽然换上了精致的装扮，但她还站不起来，新的软壳至少要硬化 30 分钟才能让她的腿支撑住自己的体重；还需要几天的时间，它才能成为有效的护身铠甲。在这个阶段交配，雌性龙虾只能听从于雄性——高大、强壮、极具进攻性、长有巨钳的家伙。

这时就是她的春药开始发挥巨大作用的地方。脱壳前期的气味是雄性的终极壮阳药。一旦雄性逐渐心软，展现出更加热情殷勤的状态，那么雌性就能判断他确实是这个庇护所的领主，她才会全天候地住进去。

接下来的几天，他俩会依偎在同一个庇护所里，一起离开去猎食，处理一些自己的事，还是会回到同一个"家"里。于是，最后的时刻终于到来了，此时此刻，和以往任何时候相比，雌性都必须保证雄性处于相当顺从的状态。

在和雄性住在一起时，雌性几乎都是在他的旁边或者后面。但是现在，这个最后的时刻，她蜷曲起来面对着他，眼柄对眼柄。他向两边展开他的钳子并下垂，好像在向她鞠躬一样。

然后，她向他"授爵"。

雌性站在雄性面前，庄严地举起她的钳子并轻轻敲击他的肩头，随后在另一侧重复了一遍。这个信号传递了一个信息：现在，不许离开我。面对面站好，两只虾开始互相喷洒大量的"黄金浴"。然后她进入庇护所的后面开始脱壳。

脱壳的整个过程大概要花一个小时或者更久，但是在她脱掉最后一点壳之后，准确地说，30分钟后，进入了干正事的时间。在龙虾世界里，真正的交配行为出人意料的浪漫，尽管也是神速。在她的魅力之下，曾经的暴君变成了温柔的情人。她脱壳之后，他站在旁边保护她柔软的身体，闭合双钳潜坐水底，甚至还会用他的触角轻轻地抚弄她。到了特别的时刻，雄性绕到她身后，采取小狗式。在那之后，可能就是无脊椎动物王国里最温柔的做爱方式了，他慢慢把她从海底举起并把她捧在他的小步行足上。

他用大钳子和尾巴压在沙上把自己撑起来，然后温柔地爬上她的背，并把她拉向自己。她配合着伸开她的尾巴，尽量躺平。腹部对着腹部，他们使劲扇动着游泳足，同时他第一对由游泳足演化而来的生殖肢插入她的精子库。每个生殖肢都是半管状的，他把它们拼在一起形成一根空心杆，里面可以传送精原细胞。她挂在用他的手——噢，脚做成的吊床上，同时他完成了几次猛力抽插的动作。双方继续相互扇动和撒尿，然后他温柔地把她翻过来放下。筋疲力尽的她回到庇护所的后面。几天后，她会爬出来……之后，另一只雌性会搬进来。

缅因龙虾是"连续性一夫一妻制"。

求爱双方的混合气味，不只征服雄性，可能还有助于把雄性洞穴门口外排成排的雌性们拒之门外。雄性自己的尿液仿佛在呼唤"到这里来啊"，但是与雌性的一混合，好像就在说"请勿打扰"。

在别的动物中也能看到类似的习性——包括人类——雌性的生理周期可以被同一区域的其他雌性或雄性的暗示所影响。于是，我们得知大学宿舍里的女生会在每个月的同一时间来月经。雌性龙虾会错开她们的脱壳期，那样每个雌性都有机会在最有利的时机与占优势的雄性交配。这种特殊的机制是如何运转的，至今仍未可知，不过，化学信息素很可能在其中起着某种作用。

在一般的履螺（slipper shell snail）中，雌性有进一步转化信息素（外激素）的能力。发现于新英格兰岩石海岸边的履螺，又叫拖鞋舟螺（boat shell），软体动物，有一种不寻常的习惯，就是一个一个叠起来成为一个高高的柱子，就像比萨斜塔一样。它们的背隆起，翻过来时，就像一艘胖胖的独木舟。壳下面还有一个壳质的隔膜，占据了开口的一半，像拖鞋的鞋面，所以整个看起来使它像只拖鞋。履螺幼体在开始是漂浮在海面上的，几个星期之后，它们开始朝海底进发，这个时候奇怪的事发生了。

如果一只幼螺接触到海底并且离其他所有的同类都很远，它会快速成熟先成为雄性，然后再非常快速地转变为雌性。履螺是变性者，在科学世界里以"顺序雌雄同体"而闻名。雌雄同体（hermaphrodite）这个词结合了男神 Hermes（赫尔墨斯）和女神 Aphrodite（阿佛洛狄忒）的名字。这个术语通常指的是一个个体拥有两性生殖器。雌雄同体在海洋生物和植物中非常普遍——例如：玫瑰在同一朵花里同时拥有雄蕊和雌蕊。但是，履螺是一种不同的雌雄同体——有先后顺序的那种——这意味着个体会先发展成一种性别，然后再转变成另一种。这种性别策略在海里是相当常见的，我们会在以后的章节更加详细地介绍。现在，我们来看看履螺的特殊能力，他首先长出阴茎，然后将其重新吸收，有时在不到两个月时间内，他就能从雄性转变成雌性。雌性达到性成熟后，一只独立的履螺会释放一种强烈的信息素来尽可能多地吸引其他螺到她这里，这样她就可以建起一座男性情人的"摩天大楼"了。

　　不过这个计策并不是为了吸引雄性到她那里。她吸引的是"未成年螺"——然后让他们一直保持雄性状态，时长会比他们独自生活维持得更久一点。通常，"未成年螺"们顺着雌性撩人的化学痕迹，迅速直奔早已存在的堆垛，然后降落在其他螺背上。在雌性强烈气味的帮助下，从水面下来的新螺刚一到达就发育成雄性，每个都展开一个长长的、可伸展的阴茎，伸到下面作为塔基的雌性那里为其授精。整个堆垛可达六个个体那么高，履螺雄性在这方面是相当有天赋的。一个塔上的所有的螺除了第一只雌性之外都放弃了性别转变，相反，他们还为雌性产出的数量巨大的卵来受精。一旦一堆螺有了足够的雄性，产生的精子足够让雌性的卵受精，那么离底部雌性最近的雄性就会变成另一个雌性。这样他就不需要同其他雄性争夺有限的卵，转而变成雌性产出自己的卵，以利用过剩的精子。当然，作为一名新转化的雌性，第二层的螺会开始与第一层的雌性一起分泌信息素，吸引更多的"未成年螺"来建造不断增高的"情人摩天大楼"。这就是尿液——或者其他任何化学信号——在海里的威力。经过几十年的研究，阿特马感到他只是抓到了一点皮毛。动物可以通过化学信号交流的微妙线索有"无限可能"。但是，只有动物在它们的水域环境里有能力探测到气味，信息发送才能起作用。这要依靠两样东西，这两样东西都有可能被我们破坏了。

　　首先，化学信息素是由漂流在海水中的小分子携带的。改变海水的化学组成，比方说，微微降低 pH 值，信号分子的结构就会随之改变。就像便笺上被重新排列的字母，信息就再也没有什么意义了。

又或者，pH 值的下降会干扰动物的受体细胞，就像盖住龙虾的触角一样，会降低它们"读取"信息的能力。我们在不断消耗化石燃料，每天排出大量的二氧化碳到大气中，其中大部分被海洋所吸收。当二氧化碳与海洋混合后，一系列的化学反应发生了，使海水酸性增强（pH 值变低）。众所周知，在海洋中，气候变化导致的海洋酸化同全球变暖是一对邪恶双胞胎。而且这对动物的收发信息会有重大影响。

其次，如同带了金枪鱼三明治来学校的小孩会把餐厅里的人熏得受不了一样，我们也不停地在往海里添加强烈的气味。当阿特马第一次开始研究龙虾的时候，就是要辨别出石油泄漏对龙虾健康的亚致死效应。他发现的效应之一是，有一种外来物质可以"模仿"其他的信息素，错误地吸引龙虾到食源处。但是，实际上那里什么食物也没有——比如，浸过煤油的砖头。龙虾会成群结队地不断舔这样的砖头，几天后，它们就病了，一次性拒绝进食可长达一周。

在其他情况下，污染物可能会掩盖自然发生的气味，遮住动物赖以交流的信号。这些变化结合在一起就会出现风险，会打断无数物种精心准备的求爱和引诱活动。因为它们要靠这种"芳香疗法"来为性生活创造气氛。在海里，为性培育一个合适的化学环境需要应对本土和全球的海洋化学平衡危机——这是一个巨大的挑战，但并非遥不可及。

性感奶爸的魅力

我们之前都见过这种情形。一个有魅力的男人，打扮得体且彬彬有礼，会吸引一些单身女士的注意；一个有魅力的男人，打扮得体且彬彬有礼，怀里还摇晃着一个孩子，这会融化在场每个女性的心——不管她们是不是单身。一些雌鱼也有同样的感觉。

尤其是海马，它们是一群性极端主义者，无出其右。首先，它们是相对的一夫一妻制。现在，亲子鉴定技术证实极少的物种实行真正的一夫一妻制。对于一个交配季或动物的一生来说，乱交才是占主导地位的。但是，某些品种的海马对伴侣表现出的忠诚令人难忘，至少在一个繁殖季节内，它们甚至会等待伴侣从伤病中恢复过来，而不是去追求另一个新的配偶。这种关系的期限可能会大大超过一百天——虽然不是一生忠诚，但是，在动物王国里，这仍然是不同寻常的，不管是在水上还是水下。

除了这种不寻常的行为，雄性海马对父亲的职责也是尽其所能，甚至亲自怀孕。你没有看错。在海马的世界，是雄性孵化受精卵，而不是雌性。然后，他们会在一个温暖的育儿袋中哺育胚胎。受精卵浸在育儿袋的液体中，并在雄性保护下直到它们孵化。之后，雄性把活的幼体生出来，完美的微型海马从他的身体向外涌出。他们真的是会怀孕的雄性。

不过，在这一切发生之前，雄性要说服雌性信任他，并把宝贵的卵子交给他。另一方面，雌性也必须确保她的卵子准备好时，雄性会出现。一只成熟的卵子在雌性身上大约只能待两三天，之后她必须扔掉它们——如果此时没有雄性出现，那么对于雌性来说这是巨大的能量浪费。

为了协调它们的性事，在五到六个月的繁殖季节里，雄性和雌性每天会进行一点前戏。由于它们行踪神秘，我们对全世界大约40种海马的了解还是非常有限的。但是，我们已经成功地暗中监视了一些海马，发现它们早晨的求爱仪式有一点像简·奥斯丁小说中的交际舞现场。

雄性接近一个潜在的配偶时有可能会低头示意，显得非常亲切，然后快速扇动他的鳍。他还会张开肚子上的开口，那里可以用来存放卵子，并尽量张大来展示他的条件。他还能让胃部的颜色变浅，着重突出育儿袋。如果雌性喜欢她所看到的，她会回应，也让自己颜色变浅并点头作为应答。雄性和雌性一旦相识，那么当天晚上还得分开，如美好纯真的维多利亚时代单身男女一般。

对于接下来的几个月，每天黎明，雌性会缓缓游向雄性的领地，在那里有一个它们日常问候的地点，他在耐心地等着她。随着她的接近，它们双方身体颜色都会变浅，就好像脸红了。然后，它们两个都卷起尾巴绕住同一片海草的叶子，然后开始绕着这个"锚"转圈，雄性在外圈，雌性在内圈。过了一会儿，它们放开了叶柄并且肩并肩排成一排，然后平行地漂浮到另一片海草的叶子上。当它们这么做的时候，雄性经常卷起他的尾巴钩住雌性的尾巴。就像情侣手拉着手在早晨散步一样。这种调情的舞蹈会重复几次，而整个欢迎仪式会持续几分钟。

当一对情侣第一次在一起的时候，会花几天时间让雌性完成卵子发育并且转移到雄性身上。在此之后，简短的日常舞蹈就足以帮助她评估他的怀孕阶段并相应地调整产下一批卵子的时机。在海马世界里，雌性分娩后几乎马上就可以进行性生活了。

多数的雌性生产后都需要稍微休养一下，但雄性海马在释放他们最后一个宝宝进入野外后不久就要准备去摇摆了。就在这个时候日常问候转变成了成熟的诱惑。雄性在晚上分娩，到了第二天早上，他就可以通过施展充满活力的弹跳向雌性展示他的活力了，跳舞也不在话下。他把自己半折叠起来，扭曲他的尾巴朝向自己的头部，然后伸展开来，交替往复。这动作会压迫海水进出腹部育儿袋，让它的尺寸变大。雌性发现一个大大的、膨胀的腹部非常兴奋，在看过展示之后，她会把她的长鼻子指向上方以示回应。那相当于微妙地点头同意去卧室，等于说："嘿，去上面那儿怎么样？"

求爱可以持续很长一段时间——有一种海马的仪式长达9个小时。在几个星期的日常舞蹈和几个小时的前戏之后，这对海马在水柱中向上游去并且进行 5 秒钟的性交。在这方面，雌性海马倒和动物王国里的大多数雄性一样。不过，海马与众不同的求爱方式对于种群如何应对渔捕压力并做出反应来说有着重大影响——但看起来应对得并不是很好。

风干的海马仍然在出售，因为它是受公众欢迎的珍品，磨碎后用于传统医药，并且作为春药出售——具有讽刺意味的是，它们的求爱仪式是如此的单纯而且它们的性交过程是如此的短暂。此外，还有人捕捞海马用于活体水族贸易，而实际上海马极其难以养活，因为它们的食物是活鱼，而且很难适应人工环境。过去几十年来，为了满足市场需求，渔捕已经对海马种群造成了极大损害。由于它们独特的繁殖方式，这种损害远比预估的要大得多。

鱼类会直接向水体或巢穴中产卵，而海马的产卵数受限于雄性一次能够携带的数量：一般而言，从几十个到大概一百个。在六个月的繁殖季节过程中，假设它们大约两个星期交配一次，产出一百到两百个子代。这和一次几百万个受精卵（比如，鳕鱼）的产出相比是极微小的。这是海马被捕捞之后种群迅速下降的第一个理由：它们根本没办法生出足够的子代来替代渔民渔捕的数量。

其次，当某些种类中存在着对配偶浪漫而强烈的忠贞意识时，那意味着如果一只雄性被捕捉后，雌性在找新的配偶之前，可能会回到她原配偶的领地等几天；即使几天之后，她也无法准备好立即交配，因为她的周期与原配偶的时间是契合的。这说明剩下的雌性或雄性可能会错过繁育机会。顺便说一下，如果雌性被捉，也会发生同样的事情，尤其是雄性怀孕的时候：它必须等到分娩，然后再另寻新欢，那需要好几天时间来等其他雌性的产卵周期与他同步。

越来越少的后代和越来越少的交配机会，两者叠加起来，导致即使在渔捕压力较小的情况下，种群数量也会迅速衰退。二三十年前，有些东西我们考虑不到，但是现在我们可以了。因为研究人员得到了关于海马求爱和繁殖的更多细节，我们就可以对猎捕设置更多实际的限制。另外，海马的养殖科学每年都在持续进步，现在，一些重大项目成功地繁育出可爱的、极小的海马宝宝，这些可以满足水族馆和医药贸易的需求，由此减轻野生种群的压力。技术的进步确保了这个星球上唯一的怀孕雄性得以幸存下来。

　　尽管没有海马那么极端，但是还是有许多其他鱼类的亲代哺育是由雄性主导的。有些鱼类的雄性会把受精卵带在身边，或者放在嘴里。更多雄性则耗费精力建造并保护巢穴。对于这些物种，待在家里保护和培育受精卵的雄性解放了雌性，从而让她们可以寻找食物并储存营养。加利福尼亚大学圣巴巴拉分校的鲍勃·华纳博士（Dr. Bob Warner）解释说，这就是体外受精对于雌性的好处之一：只需要一个亲代来照料受精卵时，雌性可以产下卵然后走出家门。雄性在她们产卵之后必须为卵受精，留下来"独自承担"——如果他想他的后代存活，就不得不逗留在附近并且保护这些脆弱的卵免受捕食者的攻击。守护巢穴也能帮助雄性确保是他为雌性在巢穴中产下的卵受精，而不是其他雄性。至少，理论上是这样的。因为这种策略并不总会成功。

　　丁氏丝鳍鹦鲷（peacock wrasse，又名淡带丝隆头鱼）大概有30厘米长，身上呈现美丽的蓝绿色和洋红色特征，会建造一个湿软的海藻巢穴。这种鱼的雌性对雄性的尺寸、展现的活力乃至巢穴是如何建造的都不十分在乎。对她们来说，最好的父亲——由此也是最有魅力的配偶——是那些已经有后代，或者至少即将有后代的雄性。换言之，一个在巢穴中守护卵子的雄性，就像一个单身男人摇着孩子一样，她只需要看到这个场景就够了。

　　为什么这种吸引力会起作用？从雌性角度来讲有几个理由。首先，一条守护着许多卵的雄性是不会放弃巢穴的——他投入了太多。其次，卵的存在显示了他是有能力保卫巢穴的——否则，所有的卵不可能仍旧待在那里。最后一个原因冷酷但却真实——众所周知，当饥饿袭来的时候，护巢的雄性会吃掉自己守护的受精卵。如果雄性可能把他守护的卵当点心，那么雌性就会把卵混在其他雌性的卵中，至少减少自己的卵被同类相食的概率。

从雄性的角度看，所谓的"最好的爸爸都是别人的爸爸"这件事有一点自相矛盾。每年每个繁殖周期的初始，雄性都没有任何卵子可守护。想象一下，如果所有单身女人都这么觉得——离异并带着前妻的孩子的雄性远比一个没有播撒过自己种子的男人更有吸引力，那么最初一个没有孩子的单身男子是如何设法向一个女人求婚并获得孩子的呢？

在某些种类中，雌性首先会放置几枚卵子在雄性窝里给雄性一个机会，然后等着看他如何处置。这算是某种亲子关系练习。雌性在几小时或者一两天后会来检查，如果雄性把巢穴照顾得很好，他就会得到奖励——更多的卵。但是，科学家仍旧不确定丁氏丝鳍鹦鲷的雄性是如何取得雌性的信任让雌性产下最初几枚卵的。我们所知道的是，一旦少数雄性成功了，其他雄性就能从中受益——从成功爸爸的损失当中。

在父亲的身份这件事上，一些雄性会直接造假。

在这种鱼中，大型"海盗"似的雄性经常霸占一个成功但体形更小的邻居的巢穴。这些恶霸赶走了原来的父亲，然后欺骗雌性让她们认为他投入了努力并自己建立了巢穴。（我想，因为雌性逗留观看卵子孵化的时间不够，她们无从知道幼体根本就不像它们的父亲……）新的雌性来了并产下几枚卵，骗术高超的雄性随后开始授精。但是，这个诡计到这里还没有结束。

如果你仿照着华纳和他当时的研究生埃里克·范登堡博士（Dr. Eric van den Berghe）所做的研究，观察这种鱼的繁殖过程并用足够的时间记录，你也会看到这些海盗似的雄性会进一步采取欺骗行动。与众多雌性在抢来的巢穴中产下精子和卵子之后，雄性随后就抛弃了巢穴。他会这么做是因为离开房子后原来那个尽职的爸爸为了反败为胜会乘虚而返。由于没有办法辨别出哪些卵属于谁，为了让自己的卵也能存活下来，原来的爸爸不得不照顾全部的卵。善于欺骗的雄性用这种骗术获得了巢穴，取悦了雌性，接着还得到了免费的保姆照顾他的受精卵。同时，他离开后还会用另一个雄性的巢穴来欺骗更多的雌性。真可谓卑鄙的浑蛋。

爱巢的吸引力

在很多物种中，如果雄性能建造一个光鲜的巢穴，就能说服雌性在自己的领地产卵，同时对抗这块区域其他的雄性。没有雄性能够像纹腹叉鼻鲀（whitespotted pufferfish，俗称白点河豚）那样把巢穴建得如此壮观。（我相信园丁鸟的粉丝会与我争论，但是我会坚持我的观点。）

从上面看下来，这种鱼的巢穴看起来像一个精心建设的坛场，横跨两米。这尺寸已经非常了不得了，考虑到这种鱼其实只有你的手掌大小。更加令人惊奇的是，雄性主要通过摇晃它的屁股来塑造这么大型的结构。

这种鱼有着亮白肚皮和金色的背部，背上点缀着模糊的、奶油色的圆点，2014年，科学家将其认定为一个新的物种。在海里找到一个新的物种不值得这么大惊小怪。当这个新物种建造的复杂的水下结构能与著名的景观设计大师弗雷德里克·劳·奥姆斯特德（Frederick Law Olmsted），或者最激进的现代主义设计艺术家安东尼·高迪（Antoni Gaudí）相媲美，嗯，这就不同寻常了。

下次你去沙滩的时候，想象一下在那里建造一个巨大的沙轮，上面有散射的辐条和凹槽，横向一直可以延伸30米。再想象一下，你需要用臀部的快速摆动来雕刻这一切。这差不多就是这些雄性建造他们复杂的爱巢所必须完成的工作量。

雄性从沙地上方俯冲而下，振动他的臀鳍并快速摆动他的尾巴，推动他的腹部进入海底，就仿佛推着一台扫雪机。他在几个区域内交替着深挖和滑行，创造了起伏的"山谷和山脊"。经过一个星期的扎实工作之后，他终于完成了最后一步：沿着山脊，用珊瑚碎片和一些贝壳组成一个装饰性的飞檐。然后，他收拾一下并且移动到中心区域，在那里他建了一个坛场，坛场里面用的都是粉末状的、最好的沙粒。

雄性精心制作的巢穴从单调的沙滩平原上微微地凸起，像一座古代的庙宇，远远就能看见。在雌鱼巡游在昏暗的沙滩平原上的时候，巢穴的明暗对比很有可能吸引她的注意。随着她的接近，雄性拼命扇动自己的鳍，将一股股白烟似的沙子射向空中。

如果她被迷住了，就会进入巢穴，而雄性在一个宽阔的停泊处快速地围绕她转，然后向她飞奔和后退几次。雄性已经付出巨大的努力来建造这个坛场，只能希望沙子——或者无论什么她用来评价他的依据（我们真的不知道）——会适合她。如果他成功了，她会来到中心。雄性之后会沿着巢穴轴线上各个山脊做一系列快速向前和后退的动作，好像在说："你看见这个山谷了吗？知道有多深和多宽吗？或者这边的山峰如何啊？"在几个热情的招呼动作后，雄性与她一起进入中心，时不时咬向她脸庞并且把她拉到身边，同时他们开始产卵。求爱结束，卵子受精，雌性就离开了。雄性留在后面，在巢穴中央守护着卵，同时看着他的堡垒慢慢融化成沙地平原。小宝宝孵化几天之后，雄性就会放弃巢穴，到别的地方开始新建一个。

在寻找合适的雄性交配时，不是所有的雌鱼都对这种艺术形式感兴趣。许多雌性真的只是想要一个雄性，只要他能保卫住家园，抵御偷卵子的捕食者，而且不会自己偷吃这些可口、多汁、一口就能吞掉的"食物"。体形较大的雄性通常有着更多的脂肪存储，因此也可以消除这两个顾虑：他们可以更好地击退捕食者并且不太可能抛弃巢穴去寻食或者自己偷吃卵子。对于许多物种而言，诱惑力归根结底取决于大小：大一点的雄性通常可以说服更多的雌性把卵产在他们的巢里。

不过，"更大"不总是意味着总的身体大小。在某些物种当中，雌性会认为一套健康的肛腺才会让她们兴奋。"肛腺"这个词听起来就不够性感，但是这些液囊中携带的强效抗生素可以有助于保护发育中的卵子，使其免受大多数感染。腺体大的雄性有可能散播更多的抗生素。虽然他们缺乏哺乳动物的"典型装备"，但是这也没能阻止这些雄鱼展示其男子气概的一对家伙，从而给女士们留下深刻印象。

更大的雄性也容易建立（或者赢得）最好的筑巢地点。不过，什么是"最好"，取决于物种。斯克利普斯海洋研究所海洋生物学教授菲尔·黑斯廷斯博士（Dr. Phil Hastings）解释说，鳚类（*Blenny*）就是这样的例子。这些小型、细长的鱼飞奔疾走在海底——可以是岩石、暗礁或沙质海底——经常会从小的缝隙里探出它们的头。它们眼大而吻钝，永远持怀疑的表情——或者说持续的警觉。从全世界已经发现的差不多 900 种鳚来看，几乎所有的种类都会把卵产在那些随后会有雄性守护的巢穴内。

纵观这几百种鳚，巢穴类型非常多样，而雄性为了追求配偶显示了各种各样超凡的建筑技术。在红唇真蛇鳚 (redlip blenny) 中，雌性喜欢独栋别墅——大型、宽敞的巢穴，可以用来放置她们的卵子。但是大巢穴就像大房子，"保养成本"昂贵。它们不太可能拿到"房屋抵押贷款"，但是雄性为大巢穴付出了血汗资本：需要做许多日常的工作，比如清除堆积在缝隙里的沙砾，持续地刮擦以清理海藻，还有在领地内不断地驱逐其他鱼类。一个小一点的巢穴可以少伤脑筋，但是它也可能吸引不了雌性。

雄性红唇真蛇鳚在整个季节里通过估算他们的性成功率来调节这种平衡。他在自己的领地内，从收拾一个较小的筑巢点开始。当一条雌鱼到达后，她会对雄性进行评估，与此同时，雄性也会对她进行仔细观察。雄性也喜欢大一点的配偶，因为大一点的雌性可以在巢里产下更多的卵——如果他要整天坐在那里看护鱼卵还要驱逐捕食者，不妨让巢穴中容下尽可能多的潜在后代，何乐而不为。如果双方通过了各自的检阅，之后雌性会走向庇护所来检查它的规模。如果她喜欢它，她就会产下她的卵，然后离开。如果她发现它太挤了，她会带着她的卵离开。

在一个或者两个繁殖期之后，一条雄性红唇真蛇鳚会估算繁殖成功率：如果雌性在他的巢穴中产下的卵数目少，他会换巢——几乎都会把内部升级得更宽敞，得到拱形的天花板和畅通的水流。对鱼而言，这种自我评估的水平令人惊奇，但是这帮助雄性最大限度地平衡了巢穴规模和吸引力这两个因素。通常，经过调整就可以招来更多的配偶。

但是，并不是所有的雌性都渴望宽阔、通畅的住所用来产卵；据黑斯廷斯所说，某些雌性只要求雄性的巢穴干净整洁就可以了。

管鳚（tube blenny）会在岛礁上寻找"阁楼公寓"回收利用，住进被抛弃的藤壶（barnacle）壳，或者海栖蠕虫废弃的虫管中。尽管雄性刷新一座老的建筑可以做的只有那么多，但黑斯廷斯的研究发现雌性不会妥协，除非房子已经打扫干净。雌性管鳚只是简单地不想把她的卵产在一个肮脏的公寓里。在这些物种当中，求爱的雄性通过整洁的卫生来吸引异性。

这就产生了一些有趣的转折，因为总体而言，越大越好是一个倾向。由于供应已经不足，大的管子有可能比较老而且长满海藻并覆盖有无脊椎动物。有时，小一点的雄性，如果拥有的是更干净的管子，最终会比大一点但是家里却脏兮兮、散发着臭味的邋遢汉赢得更多的卵，因为那些雄性通不过雌性的"白手套检查"。

不过，这种挑剔的审美也伴随着权衡。一个挑剔的雌性可以弄到更好的住所来孵化她的宝贝，但是这也意味着这些鳚鱼高度依赖它们的管状建筑好伙伴——藤壶和蠕虫，它们种群的变化可能对鳚鱼产生非常大的影响。黑斯廷斯最初研究场所的雌性已经消失，这就是一个有趣的实证。那个浅浅的暗礁曾是雌性的城市家园，所有的鱼都会从它们回收的管体中探出头来，但现在只是一个充满沉积物的海湾了。这是一个太熟悉不过的故事：沿岸的发展导致了垃圾的增长，使许多长久以来就居住在那里的物种窒息而亡。即使鰕鱼可能没有受到直接影响，但是增长的沉积物对滤食性的藤壶和蠕虫是一个巨大的打击。如果这些种群死亡殆尽，那么管鰕会失去用来逃避捕食者的藏身之所，也失去了新公寓的供给来源。考虑到雌性管鰕对卫生的挑剔程度，那么这里可能就找不到合适的家园了。具体的详细过程我们没有办法得知，但是，这种直接影响值得思考，它强调了海洋资源管理的两个最困难的方面：它们位于我们所有垃圾的下游，并且影响可能不总是直接的，这也会使这些影响更难以察觉和预料。

扇舞调情

给一个六岁大的孩子（或者某些吃了迷幻药的人）一盒你能想象到的最漂亮的蜡笔，再叫他们画一条鱼，然后你得到的东西很可能是条灿烂辉煌的花斑连鳍鰕（mandarinfish，鰕音"咸"，俗称"七彩麒麟鱼"。因颜色酷似清朝官服而又俗称官服鱼）：明亮的橙黄色涡旋纹环绕在钢蓝色的身体上，同时也横跨了鸭蓝色的脸。这种不协调的颜色布满了全身，而整条鱼只有人拇指那么大。宽宽的、圆形的腹鳍垂下来像两只乒乓球拍，而同样宽度的胸鳍漂在两边。如果说这些鱼鳍都是自然精心设计的产物，那么雄性像帆一样的背鳍则称得上"皇冠上的宝石"。

雄性可以迅速竖起一根背鳍前段的坚硬长刺，有时是在争斗状态下，为了阻挡其他雄鱼，有时是在求爱期，为了吸引附近雌性。当他这样做的时候，尖刺拉起第一段背鳍，就像桅杆上的一面帆。再往后，他把宽宽的第二段背鳍竖了起来，当这一部分挺直的时候，鱼的"身高"几乎增加了一倍。为了不失去平衡，雄性会展开像龙骨一样的臀鳍，看起来就像从肚子下面直到尾部挂着一幅圆圆的窗帘。为了画龙点睛，他的胸鳍充分伸展，就像闪亮的"爵士手势"[1]。

整个动作显著地扩大了雄性的轮廓高度，使他看上去高大而不可侵犯。大个儿的雄性可以快速赶走任何入侵领域的小个儿雄性。如果两个大小相当的雄性接近，一场决斗表演可能就会发生，每个雄性通过快速抖动背鳍、摆动腹鳍等方式设法让另一个在竞争中出局。竞争者们开合着他们的迷幻之鳍，而观看两个雄性相互兜圈子就像看一场精心准备的扇舞。

当向雌性求爱的时机到来时，雄性会上演类似的戏码，还会在混合动作中增加一个全身振动。他们快速鼓动胸鳍，随着身体的左右摇摆创造一种闪闪发亮的效果。

对于到底与谁相好，雌性是很挑剔的，不过大致来说还是倾向于最大的雄性。最大的雌性几乎从不跟比自己小的雄性产卵，除非她们没有别的选择。大一点的雄性一般也拥有大一点的背鳍刺，那么有可能雄性整体的大小和他的背杆长度对雌性都有吸引力。而且还有一层道理——通过灵巧地运用他们扩大的臀鳍，大一点的雄性可以比小一点的雄性更好地"满足"一只大个儿雌性的需要。

当一对雄性和雌性花斑连鳍鲻亲近时，它们会并排排成一排，使它们的管口（身体下面接近尾部精卵产出的开口）相配。雄性随后以一种相当灵巧的方式，卷起它长长的臀鳍对准雌性，形成一个漏斗状的管道，来兜住她的卵，以免卵分散得太快，同时也能在卵漂走之前，给它更多的机会来为数百

1　爵士手势，一种舞蹈手势，手心朝向观众，五指分开，常见于比较活泼的舞蹈，如爵士舞。

个一批的卵受精。小一点的雄性的臀鳍也较小，无法有效地兜住卵子，从而也就使得授精的概率更低。

雌性花斑连鳍鲔并不是唯一一种喜欢大个儿光鲜亮丽雄性的动物。我们也喜欢看他们宛如童书一般的绚丽色彩。在水族贸易中，大个儿的雄性长有最大的背鳍，价格在市场中也能达到最高。目前，所有出售的花斑连鳍鲔都是从野外采集来的，而且在市场中几乎所有的鱼都是大鱼。这种选择对雌性有双重打击：一是减少了她找到合适配偶的概率；二是即使她找到了一个，很可能交配后导致后代的产出减少。两种结果意味着剩下的花斑连鳍鲔会过得很艰难，因为要产出足够的新的宝宝来替代从岛礁上抓走的大型雄性。解决方案之一就是，破解这些漂亮鱼儿的繁殖密码，并且提供稳定的养殖源来供应水族贸易。尽管业余爱好者可以成功地抓到他们并实现繁殖，但是到目前为止，在商业层面上生产这种鱼的初步努力已经失败了。到现在为止，除非我们能找到可替代的来源，否则我们只能改进管理方式，放慢对种群中更有吸引力的求婚者的攻击，并且重新平衡种群中的交配成功率。

扇舞程序在多种鱼当中相当普遍，雄性会试着通过炫耀一些复杂的伸展运动来着重展示他们的身体大小。雄性同样也会使用鱼鳍弹到这里又摇到那里的招数来吸引雌性进入他们的住所。黑斯廷斯博士解释说，相比于色彩斑斓的花斑连鳍鲔，雄性鳚鱼引诱配偶的时候，反而会将外表变成单色。他们的体色几乎达到了黑色，这样可以使得雄性在蓝绿色水体和白色沙砾海底的对比中更加"突显"。一旦变暗并发情，他们就开始跳舞，那看上去有点像一个滑稽的数字夹杂着旗语信号。

标准顺序如下，雄性从他的管穴里探出来，并竖起他最前端的背鳍刺。通常，完全展开的背鳍有一个大而明显的圈或点在上面，用于吸引雌性的眼球。他也会张开他的鱼鳃，使他的头看上去更宽、更圆。然后，他直接退回到管穴中，仿佛在玩一个叫躲猫猫的调情游戏。

　　由于这些鳚鱼的住处都紧挨着，为了吸引路过雌性的眼光，竞争可以说非常激烈。中间会有许多打斗，雌性由此来评判街区新搬来的雄性。据黑斯廷斯说："那就好像雌性正等着看好戏，看看这个新来的年轻人能不能在这个街区保护好自己。"一旦雄性得到了几枚卵，他就有平静下来的倾向。你可以认为他的进攻性由于某种责任感（对，而且还是他的本能）而有所缓和，这就是照顾发育中的后代的责任感。也许吧。此外，这种调情也有可能是危险的，因为在吸引雌性的注意力的同时也会吸引捕食者。想要引人注目就需要有所权衡，因为你只不过是大礁石上的一条小鱼。

且舞且歌

　　不像雌性，黑线鳕属（haddock）和鳕属（cod）看起来对引诱雌性这件事从不厌烦，他们还会在舞蹈之外加一点歌曲。

　　黑线鳕与其他种类的底栖鱼类一样，住在海底附近，他们会使用自己的鱼鳔作为一架体内的鼓，发出与众不同的咚咚咚的声音。在黑线鳕当中，雄性越是性欲高涨，他体内的鼓就敲得越快。这个时候敲击声来得如此之快，从而使之形成了一种连续的哼唱，雌性知道雄性要出现了。问题是，这家伙是她想要一起产卵的家伙吗？

　　为了使她相信答案是肯定的，雄性黑线鳕在保留动作中加上了温和的击鼓动作，提供一点赏心悦目的东西来附和最初鱼鳔的重击声。当交配季节来临，无数的雄性聚集在产子地，用一阵阵的敲击发出召唤，这可能有助于从昏暗的水体里吸引雌性。对于渔民来说，这种集会是捕获这种受欢迎的海鲜最好的机会，为人们贡献了大量的美食，比如无数盘的英国炸鱼薯条，美国的鱼条或者"鱼片"，以及深受挪威人喜爱的"鱼丸"。

尽管有更多的研究需要做，但很可能，与孔雀和某些哺乳动物相似，黑线鳕属和鳕属也是通过炫耀来求偶的。炫耀求偶就是一群聚集在一起的雄性为了交配去吸引雌性的注意。想象一下，某个初夏，沙滩排球场的搭讪场景：成群的男人脱去衣服炫耀他们的肌肉，并且为女士抢占方便的位置来观看比赛。

动物会有炫耀求偶行为的原因是，雄性实在没有办法监视或者隔离雌性，抑或是抢占可以吸引雌性的资源。对于雄性黑线鳕属和鳕属，大西洋水下几百米的沙质平原没有什么工具可以利用，于是他们聚集起来吸引雌性然后进行比赛以博取青睐。

在自然环境下，这些鱼类住在深层、黑暗的水域中，所以人们无法直接观察它们的交配行为。但是，研究人员已经在实验室里见证了它们的诱惑手段。开始时，一条雄性黑线鳕在海底附近"巡逻"，游出小圆圈或者"8"字形，同时他发出一阵缓慢且稳定的打鼓声。持续地转圈让大一点的、更占优势的雄性在原来无主的交配区域建立了领地。

一条雌性接近了，在雄性头上盘旋或者降到他同等的位置，盯着他的表演。然后，她就游走了，雄性紧跟在她的后面。但是，在后面他就不能展现出他的优点，于是他赶上去和她并排游并且上上下下地摇了一会儿他的尾鳍；然后，他抢到她前面，那样她可以从侧面好好地看看他。他绕着雌性转圈，炫耀着他的本事，这些动作进行的同时，他还会发出那些越来越快的独特的敲击声。

有时，雄性会回到海底，继续游出"8"字形，而雌性会再次回来查看。最终，几分钟、几小时甚至一天以后，雄性的舞蹈踏出了最后一步。他游到她下面颠倒过来，使它们的腹部相对。他用小小的腹鳍钩住她的腹鳍（用引体向上来锁定位置），并紧紧抱住她。他一阵阵的鼓点现在已经增强，变成一种有力的哼声，这样的振动可能有助于同步完成最后一幕。

它们鼻子朝上垂直立在水中，两个爱人用尾巴拍水并把它们的生殖孔压得更近。然后，它们开始产卵。雄性持续表演，不断上升的打鼓速度和最后的腹鳍相扣都有助于这对夫妇调整这种同步的释放。

鳕属性爱也是在肚子对肚子、几百万个精子和卵子（黑线鳕属和鳕属都非常高产）的喷发中达到高潮。经过对鳕属的研究，发现与黑线鳕相比，雄性在开始展示之前，会一直等到雌性到来。雌性会在海底找个位置静静地待着。这个动作好像在说："好了，小伙子们。你们现在可以为我跳舞了。"然后雄性开始跳舞，在她头顶上转圈，而此时她从下面往上观看。通过凶猛地追赶、捅刺和撕咬建立了等级后，占优势的雄性有了更多的机会围绕在等候的雌性身边。表演结束后，雌性通常会游走，但是大概在24小时内，雄性会找到并尝试上她。求爱的雄性游到她的旁边，完成一系列快速的冲锋到她前面，伴随着一些发情的咕噜声，然后发动垂直的攀爬。

对于黑线鳕属和鳕属的雌性来说，评估配偶的能力不仅可以帮助雌性评定出雄性的健康程度，还会分出大小和等级。考虑到它们常用的交配姿势——有点像垂直的传教士体位——拥有一个同等大小的配偶有助于让喷出卵子和精子的生殖孔尺寸相互匹配。

各种渔捕技术可以限制鳕属（或黑线鳕属）的引诱方式，下面是由此产生意外影响的地方。在这两个物种当中，雄性和雌性喜欢在不同的深度闲逛。雄性鳕属在上层水面展示动作而雌性在下面观看；雄性黑线鳕沿着海底挖一条槽并等着盘旋的雌性游下来一起玩耍。如此就意味着对于这两种鱼，特定深度的捕鱼设备——比方说，像拖网之类的底部设备或者钩线之类的中层水域设备——捕获的某个性别远多于另一个性别，从而改变种群的性别比例。那么，对于剩下的鱼要找到配偶并繁殖都会更加困难。

在雄性需要给雌性表演的物种中，简单的动作展示同时也会暴露这些有男子气概的雄性，将其置于更加危险的境地。在入侵者进入他们的表演空间时，跳跃、闪光、冲锋和咕噜声——所有的这些行为都可能导致这些鱼比种群里胆小的一群更容易去咬装饵的钩或者游进网里。这个结果与花斑连鳍鲔水族贸易中发生的情况类似，闪亮的雄性吸引了潜水者的注意，因为他们鲜亮的颜色和大小而优先捕捉他们：雌性和瘦小的求婚者会被留下，那么雌性只能从他们当中选择配偶。

出生在一个小城镇里，多数待婚的单身者有可能是某种程度上的近亲，而现在海洋里许多物种也面临着类似的问题，它们找到迷人配偶的机会渺茫，罪魁祸首就是我们的渔捕方式。我们更喜欢——或者我们选择的渔具更倾向于——种群中最性感或者最有优势的个体，捕鱼结束之后就留下一个由更弱、更缺乏吸引力的个体组成的种群。而且，不出意外，性活动和生育水平会直线下降。鱼似乎跟地球上其他物种一样，宁愿将它们的配子再度吸收也不愿浪费在没有价值的配偶上（下次你在酒吧想坚决拒绝某些向你调情的人时，可以试试那种情况）。由于失去了最性感的雄性，一个雌性可能需要更长的时间去寻找配偶；她可能会被迫降低她的标准并且无奈地接受为一个比较次等的配偶产卵；或者她可能跳过所有过程不再产卵。这些情况也就意味着，更少的交配或者更低的交配成功率。

多种管理方法可以用于应对这些影响，但是这么做首先需要知道这些行为其实还存在。对于许多物种，缺失了以下细节——研究人员要么还没搞清楚它们的交配仪式，要么还没有将这些条件加入它们的捕捞影响评估模型中。

还有，如果说海里唯一的情歌是由嘟嘟嚷嚷的底栖鱼类演唱的，确实还挺没面子的。举个例子，为了成功追到一个雌性，座头鲸的求爱包含真心地吟唱非常复杂的曲调以及激烈的战斗，有时甚至会团队作战。如果蓝鲸长距离的情歌是用来向远处的配偶宣传自己，那么座头鲸的歌曲更像是亲密的小夜曲——都是在繁殖地，即雌性为了分娩而聚集的地方被传唱。唯一的问题就是，我们并不清楚这些雄性是在向哪头雌性唱歌。

夏威夷的座头鲸从较为寒冷的采食区（那里很少能听到歌声）长途跋涉几千千米，穿过秋季和冬季，迁移到热带繁殖地。越来越多的雄性到达温暖的水域后，便爆发了男性合唱团的大合唱。这些歌曲传唱如此频繁，甚至可以穿透蓝绿色的海水传出水面，以至于任何住在毛伊岛和夏威夷大岛下风向的人只需把头浸在水下，就会听到悠扬的曲调。

雄性唱的歌有许多主题，可以持续 5 ~ 20 分钟。而且在任何一个时刻，一个种群中的所有雄性唱的都是同一首歌。在繁殖季节期间，歌曲经常会变化，有时会非常快。新主题混合旧版本是很常见的事，就像泰勒·斯威夫特混搭了弗兰克·辛纳屈[1]。而且正如在人类世界一样，座头鲸也会制作热门单曲，横扫大洋。出于某些原因——可能是种群规模更大——全新的曲子更容易从西向东横穿太平洋，比方说，夏威夷附近的座头鲸学会了一首新歌，而这首歌在几年前曾由一群斐济的雄性热情传唱。

我们依然不知道为什么雄性会唱歌。大多数时间歌手是孤独的，只会朝着海洋深处低吟着悠扬的歌曲。而且多数情况下，他看起来唯一要做的事是吸引其他雄性。有时，一头正在唱歌的座头鲸会吸引另一头雄性，然后他俩待在一起，甚至会合作去追求一个雌性。大多数情况下，歌手可能游过去然后加入一群雄性当中，然后他们进一步融入一个更大一点的雄性团体，之后一起去追求一个雌性。

在这些大型聚会中，真正的求爱行为很少，更常见的是猛推猛挤。雄性将胸鳍当作胳膊肘朝外拨，用尾巴切、用头锤，在鲸群中向前开出一条路来。此时，再也没有什么歌声了。每个雄性都有一辆大巴大小、约 40 吨重，这可谓地球上最大的约会比赛。谁赢得了比赛，以及胜利者是如何赢得比赛

1　弗兰克·辛纳屈（Frank Sinatra, 1915—1998），20 世纪美国最重要的流行音乐人物，被誉为"白人爵士歌王"。

的，至今仍是个谜。

这很令人惊讶，因为现在有大批的"偷窥狂"前往海里看鲸在繁殖地寻欢作乐。旅游行业的不断增长，让它们的约会游戏展现在了更多人的面前，尽管它们集会的繁殖地很固定，而且水也是完全透明的，但是从来没人看见过两头座头鲸干那事儿的过程。（如果你看到过，请立刻告诉我们！）像绝大多数海洋动物一样，我们仍然不了解这个过程，即一头雄性是如何成功完成引诱的最后一步的。

甚至那些我们研究得非常好的物种也会持续给我们带来惊喜：鲍勃·华纳博士和同事们在水下用了几百个小时观察那些奸诈的丁氏丝鳍鹦鲷夺取巢穴然后抛弃的全过程。鱼类专家黑斯廷斯观察了几年才发现雌性有天生的洁癖。不过，对于多数此类物种，我们之前确实没有那么多时间来做记录。因此，我们并不总是知道我们的行为会不会干扰它们的追求，无论是性还是其他方面的追求。

不过，在座头鲸这个例子里，我们采取的措施获得了不错的结果。自从国际捕鲸禁令实施后，全世界大多数的座头鲸种群数量在上升，这证明了对于海洋中最大规模的性交，我们还是可以贡献一臂之力的。

高超的伪装偷情术

诱惑的艺术也不一定都管用。

有些雄性和雌性会跳过代价高昂且复杂的求爱过程，悄悄地、偷偷地、神不知鬼不觉地做成性这件事。乌贼（Cuttlefish）是这种骗术的大师，它们已经证明它们是真正天生的异装者。

乌贼（墨鱼）是鱿鱼和章鱼的近亲，也是头足类，几乎可以瞬间变色和变形，还能改变它们皮肤的纹理。一些小型且狡猾的雄性把这些能力用到偷欢上，趁着雌性在她高大威猛的男朋友臂弯里的时候偷偷溜进去。在雌性有限的情况下，这是一个很有效的策略。

在澳大利亚南部海岸浅水繁殖地中，几万只巨型乌贼聚集起来在短短的4～6周时间内进行交配。尽管数量庞大，对于雄性乌贼而言，找到一个可以结伴的单身雌性仍然是一种挑战——雌性与雄性的数量之比大概是一比四，而有时这个比例可以达到一比十。除了比例低，雌性还会非常挑剔，前来献殷勤的雄性中，高达70%会被拒绝，而且她们的选择标准没有明显的逻辑。对于小型的雄乌贼来说，找到一只雌性并为其授精的概率更加渺茫，因为多数雌性早就与大得多的雄性配偶配对了。换言之，小型雄性要想与大型雄性竞争并胜出的概率是微小的。然而，如果作为"雌性"的话，"他们"就能得到相当数量的授精机会，那也意味着有一大堆"异装癖"游弋在礁石之上。

除了体形小之外，雌性乌贼的特征是她们棕色的斑点和更短的足——这些特征很容易被小型雄性所模仿。静静地巡游在附近的异装雄性只需要披上这些微妙的雌性色调并把足收起来——小心翼翼地藏好他的第四足，也是那个所有雄性用来传递精包给雌性的足——就能轻易骗过更大的雄性，使他认为"他"是个"她"。通过采用这种伪装并且表现得像一个产卵的雌性（拒绝所有交配请求），这些骗子可以悄悄贴近到雌性旁边，尽管她的配偶就在附近。

大型雄性一旦被挑战者分散了注意力，小型雄性就能乘虚而入。他立即变形，抛弃他的女性装扮，换上求爱的颜色，一系列性感的串联条纹和起伏仿佛在他身上起了层层涟漪。如果一切进展顺利，雌性会允许他跟她交配。雌性经常这样做，也许欣赏的是他狡猾的策略。对于雄性，小也有小的好处。

如果他在偷情中被发现，可能会被大个儿的雄性暴打一顿。但是，如果他足够快，这个偷偷摸摸的雄性可以闪回到雌性伪装并成功躲过拳头。不过，这样的骗术可能会导致另一个问题，那就是好色者的勾搭——许多雌性模仿者是如此令人信服，以至于大型的雄性会想与他们交配。

在显形乌贼（mourning cuttlefish，直译为"哀悼乌贼"，因为眼睛边缘的黑圈而得名）当中，这种骗术又进了半步。

雄性通过在他侧面和背面闪耀出艳丽的斑马纹来引诱雌性，这个信号表现出了他的饥渴和期待。不过，这样的表演，也会抓住附近其他雄性的眼球，然后这些雄性可能飞奔而来并拦截雌性，与之先行交配。所以，如果另外一个雄性出现了，求爱的雄性反而会让自己位于雌性和另一个雄性之间，然后开始双重表演：他身体面向另一个雄性的一边，显示出雌性的标记；而在面向雌性的那一侧，演示的则是文雅、性感的姿态，好像在说"我是纯爷们儿，宝贝"。从上往下看，乌贼的背好像从中间劈开一样，一边是丛林中的斑马条纹（总是很性感），另一边夹杂着棕色而低调的雌性图案。如此一来，这种半异装的雄性在另一个雄性眼皮底下向他的心上人调情，却不会引起丝毫怀疑。不过，当到达现场的雄性不止一个时，冒充的雄性就会丢掉伪装并露出本来面目——毕竟，这种诡计只有在狭窄的视野范围内才能成功。

异装不仅能帮助雄性改变外貌从而可以偷偷进行秘密的交配，也能帮助雌性避开纠缠不清的雄性。如果想伪装成一个雄性，没有什么比装上一对"蛋蛋"（精囊）更有说服力了。

至少有一种鱿鱼的雌性会假装拥有雄性的零件。这种雌性会在身上画出图案，看起来像雄性精囊拉长的阴影。她们可以说是通过改变外表皮肤颜色从而在内部添加了雄性零件。而且这起了作用。有精囊状图案的雌性受到的雄性骚扰确实减少了。

伪装成功地帮助了小型雄性取得一些原本可望而不可即的交配机会（也

可以帮助雌性避开交配）。但是，不是所有的小型雄性都具备这么聪明的骗术，他们不会短暂伪装雌性的颜色并以此打败占优势的雄性，于是他们采用了一种笨得多的办法：他们直接往外喷精子。

因为绝大多数雌鱼是往水中（或者开放的巢穴）产卵，附近的雄性可以飞奔过来将他们自己的精子混入其中。当然，敢在老大与他的女人将要完事时强行闯入，这可是需要勇气的事。你一定认为这些闯入者必须非常迅速、敏捷并且真的有"种"。但实际上不完全是。他们的成功依赖于进化出的尺寸巨大的精囊。

在许多物种当中，雄性的两种繁殖方式在海里会分化：一种方式是长成又大、又壮以赢得近乎独享雌性感情的权利；另一种则着重保持小巧而且敏捷的形态，长出很大的雄性零件。在加勒比海珊瑚礁上，雪茄状的双带锦鱼（bluehead wrasse，俗称"蓝头鱼"）是一个普通的物种，拥有两个可供选择的雄性类型：一种个头较大，也以"终级"雄性而闻名，或者叫 TP；还有一种"初级"雄性，或者叫 IP。

一个雄性如何成为 TP 雄性或者停留在 IP 雄性阶段有许多诡异的转折。可以说超级雄性是黄铜色的雄性，长有光秃秃的蓝色头，可以用来守护礁石上最好的位置，雌性喜欢每天在那里寻找她们的午间性爱。TP 比 IP 雄性要大很多而且更具攻击性。IP 雄性并没有令他们得名的蓝色的头，他们的颜色、体形看起来都像幼鱼或雌性。不求长成大个儿的身体，但是 IP 雄性在增长繁殖零件方面却投入巨大，他们长着异常巨大的精巢，重量占到了体重的 20%。

如果男人有着像 IP 双带锦鱼一样的比例，一个 90 千克的男人在裤子里必须装备重达 18 千克的睾丸。正在看这本书的先生们，我只能祝你好运了。

这些庞大的袋子允许一个 IP 雄性一次抛出多达 4000 万的精子——而超

级雄性只能释放 300 万 ~ 400 万，这也使他们看起来也许不那么超级。（如果一个 IP 雄性长得足够大，能够赢得一些战斗，他们就会转变成 TP 雄性，那也意味着他们的精巢要缩小。）

归根结底，两种策略都是为了保证在非常困难的环境下可以让一个雌性受精。超级雄性每天会稍微比雌性早一点到达，从他最喜欢的地方开始，把其他雄性狠狠地赶走。随后，他开始欢迎雌性，先用胸鳍做几个充满活力的抖动动作，并在水柱中来几个向上的猛冲。如果雌性对他的领地和动作印象都不错的话，会加入他。双方会以几乎肚子对肚子的方式游动并且同时在上升的水流中释放它们的精子和卵子。成功的 TP 雄性一天之内有 150 多次的交配！要知道，他们并不是在 24 小时之内不停地排精——这些鱼更像是午间情人。

为了将他的性输出最大化，一个 TP 雄性不仅要保卫最好的领地、在水层中向上猛冲来诱惑和追求雌性，而且他也需要一点算术以保证精子不用光。如果礁石上面只有少数雌性，例如 20 个，一个 TP 雄性会释放很多精子，那么每个雌性也许会分到 400 万个精子，其中有 98% ~ 99% 会使卵成功受精。但是，如果雌性的数量翻倍，由鲍勃·华纳博士的另一组实验结果来看，TP 雄性会调整策略。多出来的雌性到来的第一天，TP 雄性像平常一样产子，大概在第 25 条雌性到来之后精液就用完了。他会和剩下的雌性继续进行交配之舞，但是他已经没有"子弹"了。然而，第二天，他已经意识到来了一批新的日常造访者，就会把贡献给每个雌性的精子数量下调。由于精子释放得更少，每次产子的授精成功率会下降到 92% ~ 93%，但是由于雌性数量翻倍，相当于授精两次，总的来说 TP 雄性的繁殖输出增加了。

一个附近的 IP 雄性看到 TP 雄性领地周围发生的混乱后，可能会忍不住冲过去，在夫妇产子的极乐中快速穿越并加入。但是，一个求爱中的超级雄性是不可以戏耍的；他会在上升的途中暂停，并冲向尝试参与性交的侵入者。因此可以说，IP 雄性必须等到这些超级雄性只能进不能退的时候才可以行动。他们必须冲进去，就在他们垂直上升到顶点的时候，释放自己的 DNA 混入其中，这也正是它们释放一团团精子和卵子的时刻。这种策略性的偷袭效果不错，但是也只有大约 50% 的受精率，尽管 IP 雄性生产的精子大约是 TP 雄性的 10 倍。位置决定效果，而 TP 雄性在这里占得了优势。

在有些礁石上，同类简直太多了，没有足够的产卵领地。在这种情况下，一帮帮 IP 雄性会越过超级雄性，直接找上雌性。这就会导致一个雌性一次性与几个，甚至几十个雄性一同产出精卵。在这种碰运气的环境下，雄性们喷出了数量庞大的精液团，一个雄性抛下的精子越多，他的 DNA 转变成下一代的概率就越大。拥有丰富精子的小型 IP 雄性就这样在乱哄哄的礁石上战胜了大个子。

这种鬼鬼祟祟的雄性不只存在于美丽的岩礁鱼类中，他们也影响了几种世界上最受欢迎的海鲜的未来。银大麻哈鱼（coho salmon，银鲑）和大鳞大麻哈鱼（chinook salmon，王鲑、奇努克鲑）中都有鬼鬼祟祟的雄性，他们抛弃在海中的生活，早早回到淡水环境。在那里，这些小型的恶魔等待着伏击一对对更大的产子成体，往溪流中喷出他们自己奶状的精液。由于自己太小，还无法吸引雌性，因此他们算准了时间，正当一对夫妇达到高潮时，他们飞速地射出自己的精子。然后在雄性们报复之前，迅速溜走。这种行为看起来卑鄙龌龊，但这种"猥琐男"对大麻哈鱼的长期生存是至关重要的。这些提早发育的小型雄性比产子的夫妇要年轻，因此他们来自不同的世代，所以混入其中的精液可能有助于种群的基因多样化。

✧

　　通过气味、声音、性感的舞蹈或者偷欢找到配偶是波浪之下所有诱惑节目的一部分。但是，水下居民还有一种策略，这个策略在得到性交机会中扮演关键的角色：交换性别。某些物种当中的个体在它们自己的有生之年拥有转变性别的能力。交配成功的途径不仅包括引诱，还需要做一些重要的计算来做决策；不仅包括诱惑谁，而且还有什么时间——以及与什么性别。

第三章

变性

灵活转换你的性别

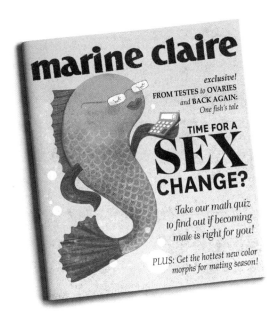

性海二三事

- 一些石斑鱼出生时是雌性，然后可以转变成雄性。有些牡蛎则相反。
- 真实的小丑鱼会在《海底总动员》中加上俄狄浦斯的情节。
- 因为同伴的压力而改变性别在海里是很常见的。
- 你的食物决定了你：有一种虾，成为雄性或雌性取决于吃了多少海藻。

性海背景乐

1.《到野外走走吧》——卢·里德
"Take a Walk on the Wild Side" —Lou Reed

2.《男人看起来像女人》——空中铁匠乐队
"Dude(Looks Like a Lady)" —Aerosmith

3.《老虎之眼》——幸存者乐队
"Eye of the Tiger" —Survivor

　　从前，有一个国王和王后，统治着一个和平的王国。和平来自等级，而等级是通过威胁而强加到大家头上的。没有人敢站出来挑战他们的统治。美丽而且始终比国王高一头的王后，毫无疑问，是真正掌握实权的人物。甚至有流言说她威逼他，就像他威逼宫廷里的其他人一样。

　　然后，有一天晚上，王后死了。没过多久，一股奇怪的力量开始在城墙内打转。仿佛咒语被解除了一般，国王感觉体内发生了一种深刻的变化，绽放了一些全新的、不同的……女性化的东西。接下来的几周，这种内部的变化继续进行，直到最后，他走了出来，成为全新而强大的王后，同样美丽、善育而且像前任一样发号施令。国王，也就是现在的王后选了一个朝气蓬勃的年轻人作为"她"的夫君，在同样的咒语下，年轻人发育成了魁梧、阳刚的雄性。在新女王的无情监视下，新国王接受了他的角色并开始了新一轮威胁统治——从此以后，他们生活在一起并成功释放出一窝又一窝的卵，"从此永远幸福地生活在一起"。

　　剧终。

如果格林兄弟知道小丑鱼（clownfish）的一些情况，那么一个童话故事就有可能产生了。是的，就是小丑鱼。但是对不起，朋友们，皮克斯工作室搞错了。错得离谱。

就小丑鱼的关系而论，真实世界的冒险故事读起来更像希腊悲剧《俄狄浦斯王》而不是《海底总动员》。如果让大自然来写这个故事，等尼莫从卵里孵化出来的时候，他的爸爸马林，一个丧偶的雄性户主，将会变成"玛琳"。因为在小丑鱼中，当雌性首领死了的时候，主事的雄性就变成雌性了。

马林现在变成了玛琳，她不会去追寻被绑架的尼莫，而是待在家里，然后从周围迎来下一个最大的雄性与"她"在一起，成为她选择的伴侣，并住在她宽敞的海葵屋里。一个占有着体面的住所，成熟、准备被占有的雌性是不会没人陪的。尼莫，如果他能逃跑并返回家中，会发现海葵里住着其他雄性小丑鱼。他不得不等待，直至轮到他和由他爸爸转变而来的妈妈相逢（并交配），儿子变成了情人，而爸爸变成了妈妈。

尽管没有鲨鱼、水母群和冲浪的海龟，但相对于个人成长和胜利的冒险故事而言，尼莫在真实世界的经历更加丰富多彩，这色彩则来自小丑鱼转变性别的能力。这个策略被许多种鱼类和无脊椎动物所采用——这些物种从来没有必要去弄明白异性做爱是什么样的感觉……因为它们自己就知道。

暂时的性别转换策略

在海里，雄性和雌性的界限比陆地上模糊得多。对于尼莫和你餐盘中的虾而言，生命中途来点性转换是自然生命周期的一部分。实际上，要是列出所有海里变性动物的名字，这个名单看起来会像一个法式海鲜什锦的食谱：

贻贝、蛤蜊、虾和各种鱼。还有其他的，比如蠕虫和一些海星，它们虽然不适合放进海鲜什锦，但是它们在性别上也是真正的"能屈能伸"。

尽管能量消耗很大，但是改变个体性别的能力是一种战略，这种方式可以在每次繁殖性的性交中促进后代的产出。原因如下：在某些情况下，其中一个性别在它们长大（或变老）的时候，会比小的时候生出更多后代。在人类中，女性的生育高峰是在 20 多岁，之后就开始衰落。但是对于男人情况并不是这样。相反，他可以通过与更年轻的女性结婚从而生出孩子，一直到他 50 多岁、60 多岁，甚至更老。

现在想象一下，毛头小子们虽然有着热切的性冲动，但是缺乏经验，不可能与眼光挑剔的雌性发生关系。她们只希望被最强壮、最聪明、最优秀的雄性临幸从而生下后代。在这种情况下，如果只是想尽可能多地生育下一代，我们可以通过改变性别来实现这一目的。出生时先是雌性，在年轻的时候，与年纪大的雄性交配而产子。然后，在怀孕和产子能力下降时，你可以转变成一个雄性，并且通过找到一个年轻漂亮的异性来激起你延续后代的欲望然后与之交配。瞧，整个物种的繁殖能力就这么提高了。

当然，你也不得不忍受经历两次青春期的烦恼。在现实中，人类生物学太死板生硬，并不允许我们有这种性别的灵活性。对于其他哺乳类，也有着同样的约束，包括诸如象海豹这类的物种，它们肯定会从那种灵活的策略中受益：所有那些被大个儿的雄性头领踢出沙滩的小型雄性反而可以在开始时成为雌性，什么时候长大并且准备好战斗了，就再转变成雄性。唉，大多数脊椎动物都没有这种选择的机会。

鱼类则是个例外。与许多无脊椎动物一样，它们几乎没有受到那么多的限制。对于它们，有一些实实在在的生殖优势作为回报，性别转换的成本只是付出的一个小代价。

性别转变的来龙去脉

从技术上讲，所有能够性别转换的物种可以被认为是雌雄同体；但是，不是常期雌雄同体，这种情况个体拥有两个性别的生殖器和生殖腺（内部性器官），性别转换者是"顺序雌雄同体"，先以一种性别成熟，然后转换成另一种性别。一个物种的不同生态因子和社会系统决定了改变性别是不是有意义，以及物种可能的转变方向。噢，对了。性别转换在海里都是双向的。

开始是雄性然后转变成雌性的动物，比如建造性塔的履螺，是雄性先熟（protandrous）雌雄同体。"proto"的意思是先，"andro"意思是雄性，相对的是雌性先熟（protogynous）雌雄同体，它们先是雌，再转变成雄性，"gyno"意指雌性。而且，在一些物种当中，个体一生都在两性之间来来回回地变换。一首关于相继变性的小诗会有助于理解这个现象：

Andro 是从古希腊语来的，表示任何是雄性的东西；

Proto 是你发现的前言，标志着故事的开始。

因此，Protandrous 群体生命之初是雄性，

然后再转变成雌性

（其中有许多理由解释为什么）。

但是，一些物种开始是雌性；

然后这些雌性先熟的雌雄同体变成雄性，

只要给予一定条件。

有些可能依靠一个伙伴，

告诉它们何时可以转换，

　　有时是邻居，它们给予了某种刺激。

　　从激素信息到后宫规模，

　　有许多因素起作用；

　　不同的物种运用这些线索

　　引导它们走上正轨。

　　对我们人类普遍的幻想：

　　异性的性是什么样的？

　　这些性变换者有确切的答案。

　　决定了一个个体一生性别策略的原因，与种群中有多少资源以及配偶是否被垄断有关：有没有组织起来开性派对的单身者？是不是少数雄性霸占了所有的雌性？找到多个伴侣的概率高，还是最好找到第一个就马上安顿下来就好？以上这些及其他问题的答案，会促使物种使用一系列策略来固化它们超凡的性技巧。

　　成为一个真正顺序雌雄同体意味着100%的转换——从身体到行为、从内到外。这意味着你所有的零件——包括最隐秘的部分——会彻底改变。鱼和无脊椎动物会经历外貌上的最大限度的变化，戏剧性地重组外部形象（某些鱼中，雄性会长出非常长且晃来晃去的外生殖器）、内部器官、颜色、身形以及行为。

　　皇后鹦嘴鱼（queen parrotfish）是这种外部改变的一个有趣的例子，并且这种鱼与人的密切关系超乎想象。鹦嘴鱼相当于海里的除草机。作为珊瑚礁的无名卫士，它们用像鹰一样的嘴啃掉大块的海藻并由此保证珊瑚上的海藻不过度生长。在这个过程中，它们也不可避免地会咬掉一些珊瑚，然后它们的内脏会把它磨成粉。像飞机拉烟一样，鹦嘴鱼游过的地方会放出一股股白色的珊瑚粉。最后，磨成粉的珊瑚残留物会被冲到海岸上，成为松软的海滩。如果你曾经在热带地区的白色海滩上游玩，你可能就躺在一堆堆鹦嘴鱼的大便上。

作为年轻的雌性，皇后鹦嘴鱼展示出质朴、微妙的色泽以帮助她融入珊瑚墙的阴影中。但是经过几年之后，她把她灰暗的服装换成狂欢节的华丽颜色。淡紫色和棕色被青绿色、耀眼的蓝色和嫩黄色所覆盖，同时，她褪去女性的神秘，爆发出成熟的男子气概。

肌肉发达、像蛇一样的五彩鳗（ribbon eels）也会表现出类似的令人印象深刻的颜色转换，同时伴随着反方向的性别转换。乌亮的幼鱼背部被显眼的黄色赛车条纹贯穿。长成后，雄性的体色会变成天蓝色，黄色条纹保留了下来，让它们看起来像一面瑞典国旗。几年后，明亮的黄色变宽了，最终包裹住它们整个身体，同时鳗鱼完全转变成了雌性。

在某些物种当中，转换不仅仅是简单的外貌改变以及少量形体变化，比如世界上最大的珊瑚礁鱼类之一的波纹唇鱼 [maori wrasse，又名毛利濑鱼、波纹鹦鲷。汉语中叫苏眉鱼（因这种鱼眼睛后方有两道状如眉毛的条纹）]。这种鱼还有一个别名"隆头鱼"。最老、最大的雄性——某些可能超过两米长——有着明亮的蓝色眉骨，且明显突出，使他们的眼睛永远躲在阴影之下。但是，多数隆头鱼出生时并不是这样的。变身前的雌性额头平坦，有着红色和黄色的线条，类似山顶洞人的额头是在变性之后才出现的。这个物种的性别转换带来的不仅是新的颜色，还有装饰性的头盖骨。

在所有性别转换的例子中，极端的外部重塑意味着内部变化同样令人吃惊，因为所有性器官都会经历彻底的结构变形。总之，在老的"设备"被身体吸收之前，新的"机器"会先发育并且实现运作。因此，在雌性先熟的雌雄同体中，会发育出产精的精巢代替卵巢，然后卵巢开始融化。对于雄性先熟的雌雄同体，情况则相反：长出新的卵巢，并且身体开始重新吸收精巢。生殖腺在过去和现在之间跳着生理探戈，伴随着的则是激素的一曲合唱。激素在转变过程中触发了不同的阶段，而究竟是什么触发了这些触发物质则取决于物种。

马林变"玛琳"：雄性先熟的雌雄同体

为了理解为什么现实世界中尼莫的故事读起来更像古希腊传奇而不是皮克斯工作室的版本，首先你必须认真考虑这个事实：雌鱼长得越大，她就可以产更多的卵。这种"更大等于更多的卵"的理念跟人是完全不相干的。人类女性生来大概有同样数目的卵子——约 100 万个。无论她的身高、体重、民族等，在她出生之前，也就是在子宫内大约十二周之后，她就拥有了这辈子所有的卵子。随着她长大，卵子的数量会下降。等她到了青春期，她一生的卵子大约只剩下一半（多数不会发育，并且会被身体吸收，只有大约 300 ~ 500 个卵子会最终发育成熟）。

鱼类不是这种情况（还有许多其他海洋物种也不是）。对于她们而言，她们整个生命过程都在不断地产出卵子，并且体形有着很大的影响。

雌性越大，她可以装下的卵就越多，而且只要她是健康的，就可以产出更多。举个例子，35 厘米长的翼齿鲷（*Rhomboplites aurorubens*）可以产出大约 15 万枚卵。而一条 55 厘米的同类雌性可以产出 170 万枚卵，超过前者的 10 倍，但鱼的体形却大不到两倍。因此，高大、年长、多脂、善育的雌鱼可以排出的卵子比她们身形小几个等级的妹妹们要多得多。

除了垂直上升的产卵数量，大个头的雌性可能还有别的优势。年长的（即更睿智的？）雌性可能比年轻的雌性产卵期更长而且可能有更多的产卵地。为了幼鱼的生存概率，她们尽可能四处下注。这些因素意味着体形大的雌性的优势是不成比例的，而且可能对种群的长期生存是至关重要的。

　　更大的雌性可以携带更多的卵这个道理不仅仅适用于性别转换者。任何大个儿的雌鱼——不论她生来是雌性，或者开始是雄性，然后转变成雌性——都有这种潜力，即相对于小型雌性而言明显对后代有更多的贡献。但是，可以变性的物种能够利用这种特征为自己谋利，特别是那些在繁殖季只进行一对一结合的物种。小丑鱼的情况就是这样，作为雄到雌的性别转换者，像海马一样加入了一夫一妻制的少数物种俱乐部。

　　作为一种颜色花哨、一口就可以吃掉的鱼类，在到处是捕食者的礁石上，小丑鱼（也称为海葵鱼）倾向于待在它们海葵之家的安全范围内。水母的远亲海葵有着柔软的身体，外面围着带刺的触手。小丑鱼可以藏在海葵挥动的触手内，这对它们形成了完美的保护。但是好的海葵难以觅得。如果你是一只成年的小丑鱼，决定去寻找一个新的家，其他的小丑鱼可能会把你从它们已经占用的住处赶走。旅馆内没有多余的房间给你。但是作为一只幼鱼，你看起来非常无辜，不会和占统治地位的成鱼形成竞争，因此，除非那个海葵特别拥挤，你还是有留下来的希望的。这样，年轻的小丑鱼用它们的嗅觉找到一个好的海葵，并且一旦被允许加入一个种群，它们就会待下来。

　　由于受到海葵的限制，这些鱼只能和原先住在那里的其他鱼纠缠不清。这就像被迫与隔壁的女孩或男孩约会一样。但是，尽管大约有 4～6 个个体住在海葵周围，却只有两个最大的个体会交配：唯一的一个雌性和最大的雄性。那么，这时成为一个大个儿的雌性就有用武之地了。通常而言，即使是小型的雄性，产生的精子也能让雌性所有的卵子受精，那么，雌性产的卵越多，这对夫妇可以产生的后代也就越多。因此，较大的雌性体形对于雌性和雄性而言都是有利条件。最初，一只小鱼开始是雄性身份，在体形较小的时候与一只大的雌性结合，可以生出许多后代。然后，当比他年长、体形更大的伴侣死了的时候，他就可以转变成一个雌性角色，得到一个新的伴侣，并且继续产出大量的后代。这才是小丑鱼一生的故事，真实世界里的尼莫跟电影一点都不像。

不过，一只小丑鱼想要成功，不只需要性别转换，还要防止其他成年小丑鱼与它们的配偶偷情。顶级的雄性和雌性双方都会进行心理战，霸凌其他定居的小丑鱼，并且让它们产生巨大的压力，从而阻止它们的性发育。这是一门精巧的艺术，真的。雌性会折磨最大的雄性，防止他长得过大（并且有可能长成有竞争力的雌性），但也不会过度威胁他，那会压制他的男子气概。被雌性折磨的雄性对第二大的个体呈现出攻击性，但是，他也采用同样的方式，使其进入发育停滞的状态。被威胁者之后也成了威胁者，转头控制下一个最大的个体，然后以此类推，保证每个个体知道它在强弱秩序中的位置，并且停留在未发育的阶段。

对年轻、矮小的小丑鱼而言，生活可能是不易的，但是，所有的折磨也有好处。当雌性死亡，头等雄性可以快速转变成雌性并收获繁殖红利：队伍中紧随其后的幼鱼地位自然就上升了。然后新的夫妇继续上演这一出戏，没有人必须走出海葵的安全地带去冒险找一个配偶。

小丑鱼雄性先熟的生活方式并不是独一无二的；许多牡蛎（别名蚝）也熟知性的正反两面。作为最受欢迎的海产品，包括蓝蚝、贝隆蚝，出产于斯威特沃特和韦尔弗利特，熊本和佩马奎德的品种，伴随着黄油般的、咸的、烟熏味的、质朴的、果味的奇妙风味，这些牡蛎全部有从雄性转化为雌性的潜力。这样的天赋对于终生长在淤泥里的动物也是有利的。

牡蛎黏附在一起成为一堵活的岩石墙，这种牡蛎礁是由几代牡蛎组成的。微小而自由的幼体会从海面沉下来粘在祖先的背上并生长。在夏日恋爱的季节里，牡蛎收缩它们的壳，向水中强有力地喷射出巨量的精子和卵子，在那里它们将与其他牡蛎喷出的配子混合。我们会用几章讨论像牡蛎这样不能移动的动物，它们反而会把配子自由地释放进开阔的蓝色海洋中，让它们找到互补之物并结合。为了帮助提高即将发生的受精的概率，这些动物喷出的精子和卵子数目惊人。较大的雌性有着天然优势，因为她们的产卵量相对显著。一个成年的雌性牡蛎一次可以释放超过 100 万的卵子，并且她们经常一年多次产卵。雄性较小，能量储存也较少，仍然可以产出大量的精子，但是，产出同样多脂肪丰富的卵还想留下能量来生长是困难的。因此，雄性先熟是有道理的，个体较大的牡蛎作为雌性繁殖，可以转移更多的能量，这对每个个体都有利。

虽然个体大小很重要，但并不是唯一控制性别转换的因素。社交因素也很重要。卡罗来纳海岸大学牡蛎专家朱莉安娜·哈丁博士（Dr. Juliana Harding）指出："如果你的周围都是雄性，那作为一个雄性，生产配子的意义是什么？"还有另外一个重要因素：为什么这么麻烦去变性，如果你的邻居已经变了？哈丁解释说，牡蛎用化学信息素来确定周围的个体以及它们的性别，从而判断什么时候进行性别转换以及这种转换是否有意义。"个体大小和社交因素都会影响最终结果。"

实际的性别转换发生在产子后，也就是在性腺最后被排空的时候。但是，许多性别转换者从雄性到雌性（或者相反）的飞跃只要几天，牡蛎则需要相对长一点的时间。哈丁解释道："这像逐步淘汰一套旧设备，然后安装一套新设备，还要在放弃旧设备之前对新设备进行调试。从进化的观点来看，你总是想能够产出点东西，这样就不会错过繁殖后代的机会。"这也是为什么牡蛎会"细水长流"，在较长的一段时间内释放卵子和精子。

但是，不是所有牡蛎个体都会变性。在某些种类当中，牡蛎生来是雄性并保持雄性，有些生来是雄性的在过些年之后会转变成雌性。两种方式的不同之处主要是基因，还有环境因素的影响。比方说，在太平洋的牡蛎，生来携带 MF 基因有可能是真正的雄性（像男人 XY 基因型），而那些携带 FF 组合的牡蛎（像女人 XX 基因型）是雄性先熟——生下来是雄性，一两年后可能会变性成雌性。对于何时发生性别转换，没有一个硬性的截止日期，年龄和环境都可以影响时间点：如果食物供应不足，或者生存条件恶劣，个体就会推迟转换。另一方面，疾病或者以年长、个大的个体为目标的渔捕压力可能会触发转变，更早变成雌性——这样才能保证她们在被捕获之前排出几轮卵子。这种多变的性别转换是一个鲜活的例子，证明外部力量可以从根本上影响一个物种的性生活。

不过，从雄性到雌性的转变只是性别转换的冰山一角。为了通过性别转换提高繁殖成功率，更常见的是雌性到雄性的转换策略（至少海鱼是这样）——对大个儿雄性可以有效统治鱼群的物种而言，这才是它们会选择的路。

皇后变皇帝：雌性先熟的雌雄同体

对于生活在雄性掌控雌性或者领地的物种，性成功的关键是越大越好。没有强壮的肌肉，几乎是不可能成功保卫一群雌性或者一个用来吸引雌性的上好交配场地的。在这种交配系统中，以雌性身份成熟才是有利的策略，当她们还小的时候，可以与处于支配地位的雄性交配几年，然后当她们产出和经历足够多的时候，继而转变性别，成为一个高大、威猛的领头雄性并且开始与所有雌性交配。这是雌性先熟雌雄同体的策略，生命之初是雌性，然后转变成雄性。这种转变需要仔细地计算。毕竟，成为一个具有支配地位的雄性角色要付出很多。首先，她必须学习从行为（或观念）方面如何成为雄性——与其他雄性竞争，赢得雌性芳心。然后，她不得不扩大能量储备重塑新的雄性生殖系统并且拆掉旧的雌性结构。所以，她怎么知道在什么时候开始冒险？

对于某些物种来说，这些可以归结到"拥有吸引人的房地产"。

可以成功护卫最好的领地的雄性会吸引雌性来找他们。我们看到过那些雄性用最佳位置勾引雌性来产卵。这种精挑细选的场所通常要么充满食物，要么包含完美的产卵条件。这相当于在好的地段拥有好的房子。

裂唇鱼（cleaner wrasse，清洁鱼）给出了一个例子。这些鱼大约一巴掌长，呈现典型的雪茄状，有一个淡黄的头、淡蓝的尾巴，还有一条明显的水平黑色条纹一直从眼睛延伸到尾巴，在尾部变粗。和它们的名字一样，这些珊瑚礁鱼逗留在不同的"清洁站"附近。这些清洁站就像开在礁石上的美容店，只不过不理发或打蜡，而是一个给你除虫的场所。需要这种服务的鱼只需要现身并且摆出合适的姿势，伸开鱼鳍，张大嘴巴盘旋在那里就行了。清洁鱼之后会开始工作，从到访的鱼身上摘掉寄生虫或者坏死损坏的鱼鳞。这些清洁站是中立的场所，小巧的清洁鱼甚至会在诸如石斑鱼这样的大型捕食者张开的嘴巴里游进游出。

所以，如果你是一个雄性清洁鱼，要在礁石上最热闹的美容店周围守护一群雌性，你会非常忙。雌性清洁鱼会逗留在附近，侍候你和顾客。在这些清洁鱼当中，情侣是很忠贞的。即使雄性不幸罹难，他们妻妾中的部分也会留下来。占优势的雌性开始直接扮演雄性的角色——在雄性离开的一个小时内。

我只是说她们忠贞，并没说她们多愁善感。

花点时间想象一下雄性清洁鱼的生活。当然，作为后宫之主会有诸多性事需要做。但是，想要出去放个假？最好带上你的姑娘一起去。否则，你回家后可能会发现你之前顺从的夫人干着唐璜的勾当，引诱你所有的雌性成为她——现在是他——自己的后宫。

大自然会小小地打断他们一下：如果雄性仅仅溜出去几个小时，最大的雌性可能会与其他小姑娘闹腾，但是雄性一回来，她会迅速恢复淑女般的姿态，没人会质疑她。

对于一个必须代替雄性的雌性，她的当务之急是保持后宫团结以保住将来的配偶。因为她需要花两三个星期的时间长出能用的雄性零件，为了确保其他雌性持续产卵，表现得像一个雄性可能是最好的选择。那样，性别转换完成的时候，她（现在是他）终于可以干正事了。策略成功！较小的雌性似乎没有辨别能力。她们的本能是与种群中最大的、占优势地位的个体交配。只要她表现得像个他，就足够了。

有机会在水下统治一个上等领地可能是雌性转换成雄性的理由之一。但是对于某些物种来说，性别转换不是一个个体选择，它常常是由众多的逗留在附近的其他雌性和雄性触发的。从那个个体角度设身处地考虑，就好似搬家到新公寓，你的性别会取决于住在大厅里的女人和男人的数量。这个系统不仅让你的性别（和性生活）依赖于更大范围的社会动态变化，而且还意味着你必须密切注意数量问题。

擅长数学的变性者

某些鱼和虾必须擅长数学，它们的性生活就靠它了。

拿受欢迎的观赏鱼——丝鳍拟花鮨（sea goldie 或 *Lyretail anthias*），又叫燕尾鲈——为例，这种小型珊瑚鱼可以记住大量同类的尺寸和性别。从礁石移走几十个雄性，就会有几乎同样数目的雌性改变性别来代替失踪的雄性。是什么促成了这种近乎完美的转换率？更令人印象深刻的是，这种发生在几十个个体之间的转换是以非常有序的方式进行的，先由最大的雌性改变性别，后面的雌性根据她们的体形等级再转换，就这样以此类推。这种计算能力真是非常令人钦佩。

不过，发光鹦鲷（bucktooth parrotfish）做算数的技巧更进了一步。作为一种雌性先熟的性别转换者，无论何时，当雄性缺席时，最大的雌性通常就会变性来接管后宫并收获繁殖红利。但情况并不总是如此。最大的雌性经常也会选择做一个夫人。这样的决定并不是因为她没有野心——恰恰相反。这都要依靠精确计算：种群中其他雌性的相对大小、她们有多少卵子可以产出以及雄性的竞争程度。

假如雌鱼成了一个新转化的雄性，最大的雌性要换掉她自己产下的所有卵子，以便给后宫里所有雌性的混在一起的卵授精。你可能会以为后宫中所有其他雌性生产的卵子数目会比单个最大的雌性产下的多——不过，你低估了她的能力。很有可能最大的雌性所产的卵超过其他所有雌性的总和。如果是这样的情况，最大的雌性会保持雌性状态并且让排在后面的雌性转变成雄性，从而拥有更大的概率产下更多的后代。考虑到有许多其他雄性出现并逗留在后宫外围，会快速跑进来把他们自己的基因混入其中。对占统治地位的雄性来说，这些闯入的精子捐献者加大了精子竞争的力度，可能会降低他的授精率。相反，对雌性来说，额外的精子却可能会提升受精成功率。

即使一个小个儿雄性也有足够的精子来为所有卵子（而且那些偷袭者也会增加精子的数量）授精，并且最大的雌性有比其他所有雌性加起来还要多的卵子，通过保持雌性状态，她收获了更高的繁殖红利。发光鹦鲷是如何成为这么精明的会计还是一个谜，但是这可能与视觉线索有关，即后宫配偶的大小和产卵过程中其他雄性的突然出现。

在其他物种中，激发转换成另一个性别的动力不是个体数量，而是和邻居的距离。

"受冷落的妻子变成男人和隔壁老王的老婆私奔"

约翰逊一家喜欢他们安静的街道、漂亮的房子和可爱的后院。生活很美好。直到史密斯一家的到来。约翰逊先生开始在史密斯的花园里闲逛，开始羡慕史密斯不停招待的一群群姑娘。最初，约翰逊夫人没有大惊小怪。但是，约翰逊先生不断地在外面徘徊，一天比一天长，她心中好生不快。以前家门口从来没有这么多的诱惑。

约翰逊夫人不由得感觉到了失落。趁着史密斯先生出门上班，约翰逊先生开始不知羞耻地每天享受史密斯先生新女友的陪伴。这种行为出现几个星期之后，约翰逊夫人开始做出改变。白天她会避开约翰逊先生。当他们见面的时候，她不理他。当他试着跟她讲话时，她变得好斗且容易被激怒。约翰逊先生起了疑心。这么好斗到底是怎么了？她晚上去哪里了？他开始怀疑她是不是有另外一个男人，但是没有。至少现在还没有。

然后，大约在史密斯一家到来一个月后，约翰逊先生醒来发现他妻子的下巴上长出了胡楂还穿着他最好的一条西装裤，正在把家里的东西打包。"我要走了。"她用深沉而磁性的男中音说道，"并且带着其他女孩一起走。"说着，她便从墙上拿起了平板电视扛在了肩上（什么时候她的肩膀变得这么宽的？），装上汽车，扬长而去。车中史密斯太太和她的女友隔着车窗向他挥手告别，随后消失在玫瑰丛中。

史密斯先生，穿着制服站着，看上去相当抑郁，缓缓地来到约翰逊先生身旁。他站在私人车道上，非常沮丧。

"我想她有别的男人了。"约翰逊先生说。

"有的，"史密斯先生说，"那男人曾经是你的老婆。"

"我恨透了这种事。"约翰逊先生说。

虽然雌性锈红刺尻鱼（rusty angelfish）身体呈锈色，但脑子一点都不锈，在礁石太拥挤的时候，会引诱并拐走几个自己所在后宫的成员。在繁殖季节，一个雄性紧紧地守护着 1~6 个雌性，在太阳下山之前的 30 分钟内，会向所有的女友求爱。然后，随着夜晚降临，一个接着一个，每个都跟他进行产卵仪式。这非常浪漫，只要没有其他锈红刺尻鱼的后宫在。不过，如果突然出现了一个或者更多个后宫，事情就有点复杂了。

雄性会战略性地拜访附近别人的后宫，当然要趁主事的雄性不在的时候（或者他也可能离开去拜访另一家的后宫了）。他在相邻的雌性身上花的时间越多，和自己后宫的交流和求爱就越少。尤其是对最大的雌性，这种缺乏足够的关心导致了关系的冷淡……也提供了潜在的政变理由。她从回避他的黄昏求爱开始（你好，约翰逊先生！）。这种拒绝打击很深：在黑暗中，独身的夜晚，禁欲使鱼长得更大。停止交配后，一条雌性锈红刺尻鱼可以把产卵的能量转移到生长上，并长到和她同居的雄性那么大。几个星期过后，她爆发出雄性的光辉，然后带着以前后宫中的小伙伴们游走了。一定地区后宫分布越多，这种滑稽的事情发生的可能性就越高。

不论是经过精细算计还是因为缺乏足够的关心，"在一个区域内雄性和雌性的数量会改变你的性别"，这种概念对我们来说是完全陌生的。但是，由于同伴的压力造成的性别转变对于海洋中成功的性来说是一个主要的驱动。这也恰巧是受到过度捕捞威胁的一种繁殖策略，特别是我们以最大的鱼为目标的时候。

渔业总有大小选择的倾向，因为设备（或者潜水员）经常以种群中一定的个体为目标。这有时是一件好事，渔民会避免捕获还没有繁殖机会的幼鱼。这也会影响渔民的收入，因为种群中最大的鱼或牡蛎经常能在码头卖得最高价。但是，我们追逐海洋中最大的鱼，而这些鱼又全是雄性的时候，会显著地造成种群的性别比例失调。对于子孙后代来说这是一个坏消息，因为这使雌性更难找到雄性，并且即使她们找到，如果性别比例真的出现扭曲，她们可能就得不到足够的精子了。

在雌性先熟的性别转换者当中，雌性等待变性的时间越长，她就长得越大，并且产出的卵越多。如果我们选择性地抓走了最大的雄性，为了补偿损失的数量，雌性变性就更快了，但这也有代价：她们须在比原来尺寸更小的时候转变成雄性，这可能会减少种群中大型雌性的数量。换句话说，能产卵的大型雌性减少了，而她们有助于恢复由于捕鱼造成的数量减少。

另一方面，在那些从雄性转变成雌性的物种当中，以最大的个体为目标就像杀了能下金蛋的鹅一样，这不是一个聪明的选择，如果你还想在菜单上看到你喜欢的虾或牡蛎的话。

这种非自然的大小选择影响的不只是性别转换的物种；这甚至可以推动种群基因的改变并造成……个体萎缩。无论有没有性别转换的能力，这种事情都会发生。迄今为止，选择性捕鱼的压力已经导致鱼类和牡蛎的野生种群尺寸的缩小、成熟年龄的变小和增长率的减小——这些特征对于长成强壮、健康的成体是非常重要的。在自然界的竞争中快速生长和更大的尺寸很重要，但是由于选择性捕鱼，它们离死亡更近了一步，所以，这些特质在基因池中被除去，也就随之消失了。这给种群留下了微小的幸存者，它们的特征对后代不是一个好兆头。大西洋月银汉鱼（Atlantic silversides）是美国东海沿岸一种重要的被捕食物种，在关于大西洋月银汉鱼的实验研究中，研究人员发现选择性捕最大的鱼导致剩下较小的雄性和雌性，而它们产出的精子和卵子更少，而且产出的幼鱼生长缓慢。这些个体成为我们要捕捉的大鱼的可能性更小，但是，被自然界的捕食者吃掉的可能性却更大。

与它们的祖先相比，经过渔业尺寸选择形成的鱼类后代可能更不适合从自然母亲施加的挑战中生存下来，这也使种群的恢复成了一个痛苦而缓慢的过程。

实验表明，对于大西洋月银汉鱼一个种群来说，要想恢复捕鱼之前的生长速率和大小，要花的时间是失去这些特征所花时间的两倍。相似的结果也有可能发生在弗吉尼亚东部的牡蛎当中。渔捕压力和疾病导致了其预期寿命从 10 ~ 20 年下降到了 5 年。这种压力可能也是为什么有些牡蛎出现早熟，并且经历性别转换时比先前记录的尺寸更小的原因。好消息是，针对银汉鱼的研究表明，恢复是可能的，也就是这种萎缩可以逆转。只是这可能需要一段时间。尽管逆转是可能的，但是只要有可能，我们最好先避免萎缩的发生。

善变者：多次变性的物种

在海洋中对同伴压力甚至还有更加极端的反应——这些反应可不像我们前面讲到的那么稳定。对于某些物种，性别转换是一条双向通道。

毛轮沙蚕（*Ophryotrocha puerilis*）是多毛类蠕虫，不足 2.5 厘米长，经常是透明的，并且有着高超的交替进行的性别转换形式。像小丑鱼一样，这些蠕虫在繁殖时，大的蠕虫扮演雌性，是为了利用"尺寸越大等于产卵越多"这种现象。但是，因为雄性比雌性长得更快，雄性很快就超过了他的配偶。与小丑鱼不同的是，雌性不会霸凌雄性使其成为安静的附庸。相反，她乐于接受他的爆发性生长。当他达到更大的尺寸时，雄性会转变成雌性，同时雌性也进行相反的性别转换又一次重返雄性。她，现在变成了他，随后会获得生长优势，赶上来并且最终超越伴侣的长度，然后双方会再次交换角色。在任何时候，一对夫妇中最大的个体扮演雌性，同时雄性利用雄性角色提高生长速度，一箭双雕。

不过，这种先进的多次变化并不局限于灵巧的蠕虫，几种鱼类也被认为拥有这样的能力，但可能没有谁能像蓝带血虾虎鱼（bluebanded goby）一样熟练。这种小型、底栖的鱼类住在北美西海岸的浅滩里，是海草林潜水爱好者的最爱。它大约有你小指那么长。

明亮的红黄色身体上夹杂着霓虹蓝的竖直条纹，脸部横向有几道蓝色标记，说到性别转换绝对要提到这种鱼，据佐治亚州立大学副教授马修·格罗伯博士（Dr. Matthew Grober）所说：“雄性转变成雌性，雌性再转回雄性。给我一个星期，我可以教一个17岁的大一新生如何让这些鱼变性。它们（虾虎鱼，不是大一新生）非常擅长此道。”

然而它们对性别转换的异常行为表现得相当冷淡，因为这种性别表达的灵活性实际上受严格的社会习俗所控制。没有自由，像一个女修道院。这也是为什么格罗伯说任何一个人可能成功操控条件并且引起任何一个方向的性别转换，只要你知道规则。

作为透明的幼体，虾虎鱼的性别是不确定的：它们的生殖腺和生殖器是雌雄混合体。在孵化后，它们在水面附近游动长达几个月，这个阶段是模糊阶段。然后，长成的幼鱼会在岩石和海底的其他虾虎鱼中定居下来。根据它们着陆的地点，群居规则会指示它们是否发育成雄性或雌性。如果有一个雄性在周围加以统治，“少年”会变成雌性；如果没有，新来的其中一个会开始表现得好斗，呈现出雄性角色。到底是什么引发了刚定居的“年轻人”之一变得如此英勇，我们尚不清楚，但是一旦其中一个开始发育成雄性，他会比其他“少年”更有生长优势，这也巩固了他更高级的地位。其他在海里的“少年”或者雌性会保持从属地位。她们保持雌性身份，只要另一条鱼在那里进行统治。在这种方式下，蓝带血虾虎鱼建立了一个小的后宫，每条雄性配3～10条雌性。

随着后宫生活的展开，雄性所做的工作也要与他的身份相配起来。首先，他必须照顾和保卫巢穴，甚至防备自己的老婆——如果不加控制，雌性可能会吃掉她们自己的卵。其次，他必须向后宫中的雌性求爱并交配。再次，他必须保卫他的领地不受其他雄性的侵扰。有了这样一个繁忙的日程，他指派了一个二把手：那个最能干的雌性，在种群中具有第二大攻击性，让她来控制其他雌性。这种形式的霸凌可以避免后宫中其他的鱼长得过大，威胁到这对领头夫妇的社会等级。那么，如果一只雄性蓝带血虾虎鱼要控制他的后宫，控制一个雌性并让她控制剩下的所有雌性就是他要做的全部工作。不过，这个策略也有风险。一个太具攻击性的雌性会阻碍她的同伴产卵，而这对雄性是不利的。这是一个非常复杂的平衡行为，但这也是可以自由接近许多雌性的代价之一。如果雄性死了，或者出于什么理由不能再继续这种统治，最高级的雌性会迅速转变成雄性并接管后宫。这可能听起来有点熟悉，那是因为这跟小丑鱼运用的策略一样，只是顶层的性别与之相反。但是，再往后，蓝带血虾虎鱼就有点疯狂了。

一个高等级的雌性在雄性离开的时候可以变性并接管后宫。但是，如果另一个更有优势的雄性之后牵扯进来，由雌性转变成的雄性有三个选择：尝试保卫自己的领地；离开，再找一个他可以掌控的后宫；再从雄性变回雌性。这里有一个优势，就是如果赢得战斗或者接管另一个后宫的概率不大，较小的雄性转化成另一个雌性可以在种群中继续繁殖，而不是失去后宫以及所有繁殖的可能性。

这种性别的灵活性意味着当两个等级相似的同性成鱼相遇时，它们中无论哪个转换都可能形成完美的一对——这需要大约三周时间。在"少年"时期，一个未知的信号激发了两条中其中一个来宣布统治。这样的话，这个个体会得到生长优势。如果那是两个雄性相遇，挑衅者会保持雄性状态，另一条则转变性别。如果两个雌性相遇，有进攻性的一方会转变成雄性。这样的情况时刻都在发生。

当情况变得特别复杂的时候，这些有点淫荡的嬉闹者会做出非常离奇的事：它们转化成无性。

它们反转成熟的状态，重回它们"少年"时期的模糊状态，即两种性腺待命的初期形式。马修·格罗伯让实验室里的蓝带血虾虎鱼种群进行速配马拉松的时候发现了这种权衡的花招。他每天会引进一条鱼到新的种群中。这样，格罗伯就扰乱了它们的社会地位的信号。而当等级不明确的时候，虾虎鱼的性别以及这种情况下它们的身体零件也都变得不明确。由于格罗伯扰乱了它，"它们回到了普通状态"。换句话说，虾虎鱼的性别是通过侵略者的镇压或者对进攻性较弱的礁石上的同伴快速掌握主动来决定的。如果没有任何迹象表明要扮演什么角色——专横的女人或者顺从的情人，这个个体会在两性状态下等待。这就谈到了灰色地带。

处于这种性别不定的状态也有风险：在虾虎鱼忽左忽右、日日夜夜、乱七八糟地来回转变性别的世界里，肯定会使物种衰落——没有人知道应该做什么。因此，尽管它们在性上面有极度的灵活性，但在角色转换的时候虾虎鱼不会乱来。它们遵循一个严格、明确的社会习俗：如果顺从，就变成雌性；如果有疑虑，那就等一等。

在动物王国里，不是所有的性别转换都是物种自然生命周期的一部分。对于许多动物来说，其他物种的存在和消失可以改变个体的性命运。想象一下，如果你后院的松鼠对你有这种影响……现在，请继续读下去吧。

猎物、寄生虫和污染物对性别转换的影响

硅藻（diatom）是在显微镜下才能看见的单细胞藻类，漂浮在开阔的海域中，靠转化太阳能为生并为海洋食物网提供能量。它们也为自己提供能量。总的来说，大气中约 20% 的氧气是硅藻提供的。尽管你可能都没有听

说过它们，你也要谢谢它们。在你阅读这一页的时候，至少有一次呼吸要归功于它们。"炼金术师"硅藻捕捉漂在水中的二氧化硅来建造闪亮的外壳，即细胞膜。宛如一个用玻璃做的胶囊，细胞膜的两半紧密地扣在一起，创建了一个保护细胞内部柔软零件的腔室。在显微镜下，硅藻将一滴盐水转化为离奇的银河世界：中心类硅藻就像半透明的柠檬片；旁边长长的，像水晶火箭船在那里打转并在载玻片上横冲直撞的，叫作羽纹硅藻。

不过，真正能展现硅藻高超巫术的场合是化学战争。它们有一种你可能想都想不到的天赋，但是，你可能看过或者听过相关的故事——尤其如果你是希区柯克的粉丝。

软骨藻酸（domoic acid）——由某些硅藻制造的一种神经毒素——在那些以吸收浮游生物为食的滤食性鱼类和贝壳类中积累下来。人吃了感染的双壳类，比如蛤蚌和牡蛎，可能会经历短暂的失忆和肠胃问题，反应严重者甚至可能丧命。如果吃了感染的猎物的话，其他动物也会受到软骨藻酸的影响。1961 年夏天的一个早晨，成千上万的灰鹱（sooty shearwaters），一种小型且平时很温顺的海鸟，"轰炸"了加利福尼亚的海滨小镇卡皮托拉——冲击窗户和灯杆并且攻击街上的行人。异常的攻击行为引起了阿尔弗雷德·希区柯克的注意，他经常在附近度假，这件事为他带来了灵感——你猜到了——《群鸟》（The Birds）。现在人们普遍认为，以滤食性的鱼类（如鳀鱼）为食的灰鹱是由于软骨藻酸中毒而变得疯狂。

不过，不是所有的硅藻都会引发海洋居民同伴的死亡和疯狂。有些仅仅会转化它们。对某种虾来说，吃太多的硅藻会导致它更早地转化为雌性。通常，当没有硅藻的时候，这种虾会经历典型的转化，即先成熟为雄性，大约一年后转变为雌性。但是，当虾的幼体在生命的头几天吞食这些硅藻时，它们的食物释放出化学鸡尾酒，阻止雄性的发育并触发雌性性腺和生殖器的发育。为什么这种化合物会引起如此显著的变化？这么做的理由是什么？我们依然不得而知。这些硅藻如何从更多的雌虾当中获利也不清楚——也许没有任何利益。这样的结果可能只是这种虾性别的灵活性的副作用：这种化合物可能只是进化出了在别的物种上有效的副作用，或者我们只是没有发现这种效应对硅藻的影响。无论是什么原因，这种通过吃而变性的方式表明了当谈到性别转换时，有些物种的可塑性是多么强。某些狡猾的物种甚至可以通过学习来利用这种灵活性。

英国朴次茅斯大学亚历克斯·福特博士（Dr. Alex Ford），致力于研究性别决定在物种当中是如何出错的。而过去的几年里，英格兰沿岸的一种本地端足目动物出现明显的问题。那是一种小型甲壳类，看上去有点像虾，又像被电梯门夹过——两面都是平的。它们是水鸟和鱼类的重要食源，是端足目动物的一种，群体的性别比例通常是 1 ∶ 1，并且不是一个变性物种。

福特发现有些地方性别比例发生了偏离——偏得离谱，雌性与雄性的比例高达 4 ∶ 1。他也发现许多雄性端足目有了雌性特征并且为数不少的雌性有了雄性器官。区分雌性和雄性端足目并不是什么难事：雄性有疙瘩状的突出物，叫作乳头状突起，而雌性的脚上演化出来一个用来抱卵的附肢。福特发现的这种雌、雄间性的个体经常两种特征都有。另外，它们的内生殖器——性腺——可能也很混乱。

雌性比雄性在数量上高出这么多，对于福特而言，这是一个值得调查的线索。大家都知道在甲壳类的世界里寄生虫感染十分常见——感染还能引起变性。这是寄生虫后代传播策略的一部分，就是使用一种非常有效的叫作垂直感染的手段。

我们很容易这样想，寄生虫从宿主到受害者的传播是经过血液或者皮肤接触，但是，不是所有寄生虫都是这样的。有些是经过雌性宿主发育中的卵子传给幼体。这真是天才的做法（从寄生虫的角度而言），你可以仔细想想：寄生虫感染的是宿主的下一代（卵子），在它们离开母体之前，受害者们就被感染了。但是，还有一个潜在的小问题：感染了雄性端足目动物的寄生虫最终会以死亡告终，它不会产生传播寄生虫的后代的卵子。为了避免这种生命线的突然终止，运用垂直感染的寄生虫经常会要一个漂亮的花招，让雄性变成雌性。

福特近距离观察了海岸附近不同地点的端足目动物，发现了一种叫作微孢子虫的寄生虫，它有可能改变宿主的性别，而且不仅仅是从雄性转换成雌性。一旦进入一个受精卵，复制中的寄生虫可能逼迫受精卵发育成雌性，使宿主每一代的性别比例都产生偏移，雌性会越来越多。

福特发现两种寄生虫与端足目动物有关，但是第二种对宿主的性别改变是个未知数。到底它有什么影响，福特仍在试图弄明白。不过，寄生虫只是性别转换动力的一部分。福特解释说，端足目动物的性别像许多其他甲壳类、爬行动物和鱼类一样，会被当地的环境所影响。水和沙子的温度（在海龟的例子中会提到）、白天的日照长度或者水里食物的数量都会改变许多鱼类和甲壳类最终的性别。所以，信息素也可以。就像前面提到的像塔一样堆叠的履螺以及牡蛎的例子。有时候，这些化学信息素来自自然世界，但是非自然世界的产物越来越多。海岸和公海的污染正在上升并且越来越多地影响到了海洋生物，尤其是那些性别系统更敏感的物种。

之前的研究已经显示环境中普通的污染物，尤其是众所周知的内分泌干扰物，可以导致从蟹类到软体动物再到海胆的一系列海洋物种的雌性化——基因型呈雄性的个体拥有雌性特征。最出名的例子也许就是那个20世纪90年代世界范围内流行的长阴茎的雌螺。在那次事件中，雌螺展现出受干扰的情形：她们的输卵管被不规则萌发的阴茎堵塞，导致繁殖失败并且死亡。毫无疑问，许多海螺种群崩溃了，随它们崩溃的还有以它们为食的海洋生物群落。诸多争论之后，最终的研究结果将畸形的原因指向了船底油漆中含有的大量三丁酸甘油酯（TBT）和致命的内分泌干扰物（EDC）。

EDC 靠模仿自然激素并干扰内部的激素循环发挥效用。它们包括双酚 A（BPA）、邻苯二甲酸盐和多氯联苯（PCB），以及其他物质。这些化合物广泛存在于工业副产品中，如生活消费品、杀虫剂、个人护理用品和避孕药。它们直接通过污水处理厂的排放冲入水道，而污水处理厂并没有过滤出这些分子。

福特经过对不同区域的研究，发现雌、雄间性的端足动物最多的地方附近有石油化工厂、造船厂和纸浆厂，这些动物经常浸润在工业排放物当中。虽然他还没有鉴定出污染物，但污染和生殖混乱似乎有一定联系。不过，高污染地区也有最高的寄生虫感染率。尽管如此，福特仍然试着去梳理是哪种损害（寄生虫对污染物）以什么方式正在影响端足动物。可能寄生虫会抑制端足动物的免疫系统，使它们对一定的污染物的影响更加敏感；或者从另一方向，由于端足动物在污染的环境中无法抵抗寄生虫的感染，之后引起了性别转换。研究这种东西长达 14 年之后，福特发现的问题比答案还多。不过有一样，所有这些错综复杂的事物证明了，人类对于自然世界的影响是不容易预测的。

[第二幕]

搞定

第一部分：交配

无尽的、危险的寻找，激烈的竞争和残酷的战斗，巧妙的诱惑和性别转换，努力的前戏——这是多么漫长的旅程，但是行动还没有结束。即使有一个潜在的求婚者通过了上述所有考验，最后的努力，也就是在精子和卵子相遇差几厘米或几十厘米的时候，也有可能失败。

接下来的几章将探讨精子最后种种冲刺方式，实际上就是从雄性转移到雌性——或者她的卵上。对于某些物种，这个过程是一件亲密的事，更多物种则远距离完成，即精子和卵子被射入旋转的海水后让它们自己结合。后一种方式是液体环境中特有的——并且可能是性最原始的方式。但是，关于精卵结合，我们会以一个更加熟悉的方法开始：向雌性的身体里或者外面发送精子，这得益于一个绝妙的附属物，在科学世界里它被称为"插入器官"。你知道的名字则是阴茎，在人类的历史上导致了各式各样的焦虑症、数十年被误导的精神分析和糟糕的车辆设计。但是，在海洋生物繁殖当中，它的角色更为有趣。

第四章

阴茎

性是一项身体接触运动

性海二三事

- 螺可以丢弃阴茎然后再长出新的。
- 最长的阴茎（按比例算）是雄性身长的八倍。猜猜是谁的？
- 有一个物种可以被叫作"有着硕大丁丁的游泳者"。
- 雄性船蛸有一个可拆卸、可抛射的阴茎。
- 阴茎剑术是一件正经的事情，只需问一只被激怒的扁虫。

性海背景乐

1.《丁丁之歌》——巨蟒六人喜剧团
"The Penis Song" —Monty Python

2.《爱你爱到心坎里》——科尔·波特
"I've Got You Under My Skin" —Cole Porter

3.《我的小铃铛》——查克·贝里
"My Ding-a-Ling" —Chuck Berry

4.《大锤》——彼得·盖布瑞尔
"Sledgehammer" —Peter Gabriel

　　阳具，小弟弟，鸟，JJ，老二，命根子，下体，丁丁——阴茎，不管叫什么名字其功能都是一样的。关于阴茎的词语多样而且有趣，用于描述从藤壶到鲸的各类雄性使用的交配结构。快速浏览一下，海洋中的各种阴茎给我们呈现了各种形态：从细长到短粗，从固定的到可卷曲的，从硬的到软的。但是，并没有一种典型或者平均状态的阴茎。这一章都是这类令人振奋的事实。雄性生殖器，像它们的雌性对应物一样，是地球上最多样化的构造之一。阴茎参与的活动远不止简单的投射任务：它们可以掏空前面雄性留下的精子，或者引诱雌性通过机械或者化学刺激接受授精；它们也可以用某种方式伤害雌性从而阻止以后的交配；当一个雌性被另一个情人抱住不能动的时候，它们还可能偷偷插一腿。

　　不过，阴茎的主要目的——在我们哺乳动物中，除了成为一个外延的软管用来排尿，也可以用来体内授精；或者在其他物种中实现近似体内授精，如鱿鱼。从雄性的角度，一个阴茎能直接将精子尽可能地放在接近卵子的地方并且放在一个相对封闭空间内。这有助于提高精液的浓度并为发育中的胚胎带来好处，包括免受捕食的保护以及提供一个有利于生长可控的环境。

雌性也能从中得到好处，在性交前后都能，她们可以筛选合适的求爱者和精子。但体外产卵就不可能了，因为海浪和潮流随机地冲刷精子和卵子（尽管卵子自己也可能会进行选择，但是这个我们以后再讨论）。

对于雄性和雌性来说，通过阴茎性交提供了更大的可控性。但是，这也从很多方面增加了性交（和生命本身）的复杂性。

事实是任何形式的性器官的穿透（乃至半穿透）成为性交策略是非常令人惊奇的：许多阴茎用带尖、带角的头钻进雌性身体里面，带来了感染和物理损伤的风险。外来的、侵入性的异物通常对受体造成非常大的威胁（如寄生虫）。另外，虽然有些海洋生物采用的是"完事儿就撤"的方式，但是许多物种的插入式性交需要在亲密又笨拙的性行为中保持固定，会使这对爱人在性交中更容易受到捕食者的攻击。

这件事儿可以和雄性女王凤凰螺（queen conch）聊聊。

在太阳照射下的加勒比海浅滩上，这种标志性的海螺可能活了30年了，而且在此期间长出了一只令人印象深刻的30厘米长的盘旋螺壳。它们通常过着独立的生活，雄性和雌性分别在海底拖着这些重重的房子，沿途吞吃海藻和海草。当合适的时机来临时，它们聚集在一起进行交配，有时会汇聚一大群。但是，由于背上巨大的装甲式钙化避难室，性交是非常大的挑战，至少本来应该是的，多亏雄性有着一根令人难忘的可伸展的阴茎。他们也因这种雄性生殖器而闻名。

一根活跃的阴茎看起来像一条受惊吓的蚯蚓：大约一支铅笔粗，深黑色，它摇摆着从雄性的螺壳下面钻出来并且穿过沙子溜进雌性螺壳尾部小小的半圆形通道。这是她内室的入口和生殖器的凹槽，也就是用来受精的地方。

　　但是，这是一场危险的长途跋涉：绵延将近半个身长，阴茎会被巡游的蟹类和其他捕食者轻易捡食。如果这事发生在成熟雄性凤凰螺身上，你有可能会发现他正在护理一根在性交途中被剪断的残缺的阴茎。不过，这样的损害不是永久性的。像其他许多软体动物一样，凤凰螺可以直接再长出一根阴茎。

　　当凤凰螺必须与蟹类进行斗争来保护他们的阴茎的时候，其他物种则在复杂的斗争中用它们的阴茎作为武器来完成繁殖。

阴茎击剑

　　　　像西部早期干燥、空旷的路面一样，漫长延伸的沙地扩散开去，像无尽的平原融入了灰色地平线。沙柱被看不见的潮流搅动着，像小尘暴一样升起，不停地旋转。一团团海草随之翻滚。你几乎可以听见遥远的、绝望的呼啸声，好像决斗的前兆。慢慢地，你开始爬上波浪形沙地的一边，在你面前就像山一样陡。而那里，最高处，你的意识兴奋了起来。

　　　　地平线之上，你的对手出现在褪色的蓝色远方。从山丘上下来，你确定这确实是一个相配的对手。你们的距离开始缩小，并准备进攻。你的头垂直上升，像波浪一般向前冲去，并亮出你的武器。那是由大自然锻造的武器。这场战斗不是钢或铁的战斗，用的是一个雄性最重要的财产，他最宝贵的附属物——阴茎。

　　如果意大利的美国西部片用扁虫（flatworm）来拍而不是牛仔的话，看起来会非常不一样。

在非凡的海洋王国里，自然母亲并没有流传下来武器的替代品。两个挑战者直接暴跳起来并对撞他们强有力的男人之剑来获得统治权，最后，如果一切顺利的话，一方会成功刺中它们的对手。

然而，不像人类会决斗到死，此次战斗的目标并不是杀戮。相反，是一场激发生命火花的战斗。

大自然最灵巧的击剑比赛发生在两个动物之间，每个都像煎饼一样平，每个都决心给另一个授精。它们是以阴茎击剑的扁虫，雌雄同体，发现于热带水域的浅滩中，比如澳大利亚附近的珊瑚礁。它们一生的大多数时间移动速度都很缓慢，优雅地滑动在海床上，拨动涟漪推动它们向前。但是，当机会出现之时，扁虫就不是这样了。

在一场令人难忘的竞技表演中，这些几乎是二维的生物用后半部分保持稳定，如眼镜王蛇般站起来，亮出一个清晰的白色双头阴茎，相应的术语叫作"交接刺"。它们来回摇摆，就像两个摔跤手在交手之前寻找破绽。由于没有骨头，它们能以离奇的角度收缩弯曲，可以在环境中自由流动，只受限于它们的长度。许多攻击会落空，或者在最后一分钟前功尽弃，因为对面的扁虫可以灵活地躲避而不被刺到。它们薄薄的身体迅速翻动，尽力弯曲，摊平后退，来到一个新的位置。这些蠕虫既灵活又有耐力，战斗可持续长达一个小时，最后可能由于双方战士都受伤而停止。这是相当暴力的交配策略，从技术上来说，作为雌雄同体它们拥有所有需要的器官，可以进行更温柔的自体授精，那么为什么要承受这么痛苦的折磨呢？

首先，与自己性交并不总是一件温柔的事。扁虫的卵子和精子可能分开储藏在身体的腔室中，那意味着自体授精需要会一点体操动作以便让精子遇到卵子。最近对一种大口涡虫属的透明扁虫的研究显示，这样的策略包括了刺入自己的头部。当处于封闭状态时，这些孤独的蠕虫会表现得像柔术演员一样，和自己交配。由于交接刺位于尾部附近，它们用某种方法弹起后半部来碰到它们的顶部，刺向头部中央位置。由此推测，精子就从那里蠕动向下朝着卵巢返回，也就是它们受精的地方。

对扁虫来说，幸运的是这种手段只是绝望时采用的权宜之计。当交配的机会出现时，透明的蠕虫会互相刺向对方的尾部区域——不会再进行头部的自我穿刺。结果证明，令人难忘的折叠戏法对于传播自己的后代并不是优先的选择。总之，如果有机会，多数雌雄同体的蠕虫，包括上述极其柔软的扁虫，并不进行自我交配。自体授精只有在困难时期才是合理使用具有穿透性阴茎的方式——但这也不是这种尖尖的阴茎进化出来的原因。待会儿我们会提到这个理论。

总的来说，基因混合，依然是繁殖的首选方式，好的老式性交就是据此设计的。可能是因为这带来了多样性的好处，同时避免了近亲繁殖的副作用。雌雄同体的存在仅仅意味着你不必对选择配偶如此挑剔：什么样的性交都行。一对雌性同体只需要定下谁扮演什么角色就行了。

有些物种依靠互惠协议，这种情况下精子转移同时发生在两个个体之间。海兔（sea hare，又称海蛞蝓），是一种没有螺壳的球根状海螺，这个物种通过前置的阴茎和后置的阴道首尾相连可以形成巨大的性交链。在某些地中海扁虫中，一对对交配的扁虫同时把雄性生殖器插入雌性生殖孔，形成一种性交环。在这样相互交配中，雄性器官进入生殖孔的方式与雄性和雌性之间的交配一样，但是，双方都会同时给予和接受。

不过，在类似使用阴茎剑术的扁虫的物种当中，个体会忽略阴道并把"货物"卸在身体的任何地方。科学家假设进化出刺入式授精是精子捐献者绕开雌性的生殖道并且避开里面的任何抵抗的方式，比如前任留下的避孕栓，或者可以选择性地移走或留下某些精子的雌性生殖器（下一章会讲述更多）。相反，这些物种使用它们的交接刺在身体的任何地方卸下货物，之后什么都不用做了，因为精子会自己跑到授精的地方。

一种来自澳大利亚海岸附近的动物则更甚。2013 年，研究人员观察到多对管羽属（*Siphopteron sp.*）的海蛞蝓反复挥舞它们巨大的叉状阴茎，并用它们让对方受精，并互相刺入头部。分叉的阴茎的一端携带精子，另一端带着更尖的细管，注射一种由前列腺产生的分泌物，直接递送到配偶的前额。为什么对准前额？我们也无从得知。由于阴茎与它们的身体等长，这种海蛞蝓可以对准任何地方，不过，它们每次交配都会对准两眼之间猛刺。

从互惠的性交到导致创伤的穿刺，这些方法都有一个共同点：把雌性的代价降到最低。几乎在每种交配情况下，雌性结束后要承载着非常消耗能量的受精卵，并且还要照看幼体。另一方面，雄性完成少量付出就离开了（那些尽职的抱卵爸爸则是例外）。对于雌雄同体来说，任何交配双方有同样的机会授精或受精。从能量角度，成为授精者要好得多。但是，这一地位并不总是那么容易得到的。

真正的互惠式雌雄同体物种，比如一些海鲈鱼（sea bass），个体间同意扮演两种角色，但是必须保证没人耍诈。于是，它们使用一种"我先擦你的背，你再来擦我的"策略：一方释放出一些卵子，同时另一方喷出精子，然后它们交换角色。它们会重复这种模式，每个个体交替产卵然后再排出精子，同时它的伴侣会产出互补的配子。在这些约定中，每一方都愿意把雌性的负担和为卵子授精的机会交换一下。

其他的方法更加狡猾。在澳大利亚刺头的扁形虫当中，研究人员推测它们释放的分泌物可能迫使被钉住的伴侣更乐意留住精子。这种狡诈的化学鸡尾酒在授精中非常普遍，家蝇也这么干。扁形虫头上的穿刺到底释放了什么，我们依然没有结论，但是有可能与促进精子的成功有关。

这种自私的策略是普遍存在的。即使扁形虫似乎呈现出更多合作的交配方式，它们也不像看上去那么文明。举个例子，拿形成性交环的地中海扁形虫来说，每一方都会邀请另一方来刺入。但是，这对夫妇分开后，这些灵活的扁形虫折叠成一半,把它们的嘴放在外生殖器上,并且试图把刚收到的精子吸收出来。至少,它们会等到另一个转过头的时候再下手。

不过,这么吸干精液并不容易,精子有着宛如钉子般的头——进化出这种特性可能就是为了应对这种口头攻击。其他雄性用尖尖的阴茎刺穿雌性全身的物种当中,它们的精子在形状上平滑简单多了,使它更容易滑过身体奔向卵子。

总的来说,阴茎剑客采用了最自私的方式,因为每个个体坚持表现得像个雄性并为之战斗从而得到完美的一射。在某些物种当中,穿刺并不是势均力敌的——精子必须释放在正确的位置才能奔向卵子。因此,一个位置不错的穿刺可以让扁形虫在授精的时候,同时躲避对方的穿刺,这样就可以逃避照看受精卵的重担。

极少的物种如此灵活地运用它们的阴茎。实际上,最初进化出来的阴茎要硬得多得多。

最古老的阴茎

远古的阴茎和它们的典型现代海洋遗存往往都是硬的,而且非常硬。一种叫作胴甲鱼(antiarch,亦称反弓鱼)的史前雄鱼长着一对钩子,由实心的骨头构成,伸到坚甲鳞片之外。这些钩子斜着插入雌性非常粗糙的生殖板中(一个古生物学家说粗糙得就像"擦菜板"),就像魔术贴一样锁住雄性的阴茎。两条鱼采用广场舞风格的体位进行交配。这是 2003 年年底的发现,这次发现推翻了之前的脊椎动物体内受精的起源在 3.85 亿年前的论断。但是,目前已知的所有动物中第一个阴茎的出现要比上述时间往前推了 4000 万年,即已有 4.25 亿年之久。这是已知的最古老的阴茎化石。

　　和多数阴茎的故事一样，这个故事涉及一场大爆炸。一座位于英国附近的古火山向天空喷着火山灰，然后轻轻飘落在威尔士东部边界，在那里的近海沉积下来，使得成千上万的海洋居住者突然在细尘之中窒息，这些细尘又在它们身上快速硬化。它们被困住了，包裹在紧身的模具内，这些模具紧贴着每一条身体曲线并且填满了所有缝隙，形成了成千上万的化石。来自已遗失的远古海洋的生命变成了时间胶囊。

　　这些胶囊依然是密封的，不可能让古生物学家进行解密；把它们打开就会破坏它们精细的解剖结构。不过，科学家今天用一种新的技术可以把这些化石切成极其薄的切片——只有20微米厚（大约一根头发的1/5），然后把下面的特征拍下来。研究人员随后用特殊的软件把这些照片连接起来，拼成一个三维图像，里面躺着动物。这些极其细致的重建揭示了触角和进食的附属器官，分节的身体，以及复眼——至于真正引人注目的部分，是能看到一个非常明显的阴茎。

　　有多明显呢？莱斯特大学的古生物学家大卫·西维特博士（Dr. David Siveter）与他牛津大学、伦敦大学和耶鲁大学的同事们，把它命名为"Colymbosathon ecplecticos"——来自希腊语，意为"有着巨大阴茎的令人震惊的游泳者"。

　　距离他特别的发现10多年之后，西维特仍然不敢相信他是世界上最古老阴茎的发现者。即使对阅历颇丰的古生物学家来说，找到一个阴茎化石——或者任何动物中的软组织——都是极其罕见的。它们实在难以保存。然而，这些化石保存如此之好以至于研究人员可以辨认出精细的肢体、眼睛、鳃和交配结构——而且它是一个巨大的阴茎。

　　在西维特2003年发现的时候，他研究古代介形虫（ostracod）已经长达几十年了。今天，8000多种介形虫，既有可能在你家后院的池塘里游泳，也有可能在深海里疾走。你可以想象一个类似虾的生物，挤在两瓣豆荚中间。但是，这种豆荚薄薄的，有着透明的外壳。一只发育完全的介形虫，尺寸可以从罂粟籽那么大到约乒乓球那么大。两根细细的触角，一根用来游泳而另一根用来感知环境，仿佛细细的头发丝，从外壳的一个小开口处伸出。它们目前数量众多，是一种成功的甲壳动物，也是化石记录中最常见的节肢动物——在化石记录中，它们微小的可以开合的外壳到处都是。但是，直到西维特的发现之前，古生物学家还没有真正在化石中看到过动物身体的痕迹——当然也没有看到过阴茎。如今在这个化石里，有了无可辩驳的证据证明了它们是已知的最古老的雄性。相当于节肢动物中的亚当。

多亏这个发现，我们现在知道活着的介形虫与生殖器硕大的甲壳类一脉相承，这一特征历经岁月显然保存了下来。当讨论起现代海洋、湖泊、溪流和池塘中的物种时，西维特指出，有些雄性的交配器官超过它们身长的1/3。

这就像一个一米八高的男人秀出一根60厘米长的阴茎。而且它必须拖着那么长的两根阴茎——介形虫的阴茎是成对出现的。

西维特解释说，这种交配结构叫作半阴茎，可能是从原来一对附肢进化来的，因此一边有一个。这也使得雄性介形虫会有右撇子和左撇子。而且它们用这一对附肢来泵出跟它们身长差不多的巨型精子：现存的介形虫种类中，至少有一种的精子长度超过整个雄性身长的10倍。因此，相当于一个一米八高的男人带着两根60厘米长的阴茎，可以释放出比校车还长的精子。

这种微小的1~2毫米长的动物，它的精子却比一头大象的精子还要大。而且科学家依旧不知道为什么。为了处理这么巨大的精子，雄性介形虫必须缠起来，并像上发条一样把尾部的卷须变成紧紧的线圈，然后把它们射向同样微小的雌性。它进化出了一种特别的结构，可以像气筒一样工作以完成任务；她，作为回报，用两个阴道来接受意大利面一般的精子。

我问西维特雄性会不会一次用一个阴茎，交叉使用，他摇摇头："那不是换班的工作。"

换句话说，介形虫的性生活像打一支双管枪，两个阴茎同时释放巨大的精子到雌性的两个生殖孔中。显然，这种双刺不需要明确的对接方法。雄性可以爬到雌性的任何位置，包括腹部对腹部，或者从后面。看起来就像是创意十足的甲壳类印度《爱经》里会有的动作。她仅仅需要打开她的外壳让他进来就行了。

但是，那是一个大写的"仅仅"。介形虫的外壳夹得如此之紧以至于它们被捕食后能从动物的消化液中存活下来，然后通过肠道被排出去。如果她不为此而打开，他根本就进不去。雄性介形虫好像需要得到雌性的准许。这就可以解释为什么雄性为了向他们的配偶求婚要完成出色的表演。

每天晚上刚过黄昏，加勒比海上层水中落下闪亮的蓝色光亮，亮光快速移动，然后在黑暗的水中退去。这种海中流星雨来自成千上万的雄性介形虫头上的腺体中喷出的光亮液体。这样的化学反应原理类似环氧基树脂，由介形虫制备的两种化合物在与海水混合后产生了反应，放出明亮的光芒。雄性借此来吸引雌性。这种方法古老而且娴熟，每个种类有它自己的发光方式，像转瞬即逝的莫尔斯电码。雄性离开海底的住所，在特定的时间里上升到特定的深度，继而用点彩派画家的笔触描绘着，把空洞黑暗的海水变成了凡·高的《星空》。

如果这种表演起到了效果，吸引了附近雌性的注意力，她们就会循着闪烁的痕迹找到如意郎君。但是，在闪亮之间的黑暗中埋伏着第三者，这些雄性等着去拦截没有防备的雌性。不管她碰到了中意的雄性还是发现自己被一个鬼鬼祟祟的追求者给骗了，结果是一样的：被一对尺寸惊人的阴茎刺入身体。

在多数介形虫种类当中，雌性把受精卵产在海底或者其他东西的表面。有一些种类的雌性会孵化受精卵，而极少数会孵化出幼体后继续让它们待在雌性育儿袋中发育，直到它们可以照顾自己。虽然这样延长的亲代哺育是不常见的，但从发现的一个介形虫的新种来看，这可以追溯到 4.5 亿年之前。西维特和同事们把这个命名为"*Luprisca incuba*"，意为"古老的孵化之母"。这个化石来自纽约上州，上面有一个抱着受精卵的雌性介形虫，里面还有孵化的幼体。她是节肢动物的夏娃，可以与古老的亚当相配。

柔韧的阴茎

在某一时刻，阴茎脱离了"永远刚硬"的路线而发展出各种样式。越来越高的柔韧性意味着在进化中需要极大的改进。要让它进化得足够硬从而利于穿刺，还要经久耐用可以承受反复抽插，这可是个大工程。更加柔韧的阴茎可以让它们的主人使用更多的体位进行结合，并且可以在不使用的时候把宝贝藏起来——想在水中保持流线型的体形时，这一点非常有用。

许多鱼类没有这种选项。它们的生殖结构竖起后与身体呈锐角，当它们想从捕食者手里逃脱的时候，可能真的会形成妨碍。比如，孔雀鱼（guppy）和它们的近亲食蚊鱼（mosquitofish）是少有的体内受精的鱼，为了可以体内受精，它们长了一个外延的臀鳍鳍条，被叫作生殖肢。对雌性食蚊鱼而言，生殖肢越大吸引力也越大，但是增大的器官会减慢鱼的速度，使生殖器越大的雄性越容易被饥饿的捕食者逮到。

另一方面，海洋哺乳动物已经适应了可以收拢的阴茎，这有助于游泳的速度和体温的调节——考虑你要花大量时间待在寒冷的水里或者躺在冰上，这是必须适应的。没有动物喜欢像棒冰一样的阴茎。隐蔽的阴茎其交配方式可能更加柔和，一些岸上的哺乳动物早就实现了这样的构造。

人类、马和犰狳，还有一些非哺乳动物包括乌龟用可以膨胀的阴茎实现有效的勃起。这些雄性的阴茎依靠使海绵组织充血从而变硬。而且这里有个有趣的事实：一个可以膨胀的阴茎完全勃起之前，它首先得放松。这件事完全违反了我们的直觉，但其实这是平常收缩的动脉打开（膨胀）的条件，可以使血液涌入并充满海绵组织，让一个湿软、无力的香肠变成一根硬邦邦的棒子。为了抵挡迅速上升的压力而不爆裂，膨胀的阴茎跟充气的河豚依靠同样的原理：有许多交替延展的胶原链。

相比之下，一些哺乳动物的勃起真的会涉及骨头。它叫阴茎骨，一种阴茎内部的骨头或者阴茎内芯，这种附属物在老鼠、猫、狗、熊，甚至在我们最近的亲属黑猩猩身上都能找到。这些物种的雌性有一个对应的（而且是花状的）阴蒂骨，或者阴蒂内芯。这是大自然中极其罕见的性平等的例子。这两块骨头有助于敏感组织的勃起，也可能会使两性更加容易接受性刺激和性行为。

海豹、海狮、海象和北极熊在它们返回海洋的时候，继承了陆生动物所留下的传统，并且得意地向周围炫耀着最坚挺的雄性勃起。海象阴茎中的骨头是地球上最长的，几乎有60厘米那么长。它们是细细的、象牙色的、带着一定曲度的棒子，外形看上去跟一根象牙一样。为了保持文雅的形象，雄性海象会像许多海洋哺乳动物一样把它的阴茎缩进去，直到真正刺进去之前的最后一刻才亮出来。

最后，鲸和海豚（以及牛和猪）的阴茎是由粗大的纤维组织支撑着，让它们的阴茎保持半勃起状态。这样一个有弹性纤维的阴茎结合了硬度和灵活性，并有助于立即勃起。这种灵活性也能使一个交配结构拥有又软又长的特性——对于欢闹的海豚和体形最大的鲸来说（统称为鲸目动物），这是一个有用的特征。

有几种海豚以令人难忘的性欲而闻名，它们以娱乐为目的的性交次数和以繁殖为目的的一样多。性可能用来取乐，或者建立社交关系，某些情况下也可以维护等级。举个例子，幼年雄性会与其他雄性性交，形成一种紧密联系，或者它们可能利用性建立统治权。上述这些雄性在往后的生活中会经常形成帮派而且合作围堵雌性跟她们交配——有时非常有强迫性。

淫荡的雄海豚可以从他们的外生殖缝里伸出那个看起来像尖尖的牛舌头一样的东西，破坏掉身体的流线型外形。他们用这个结实的"军刀"去探索另一个身体，探索每一个配偶身上每一个可以进入和拔出的开口。记录显示，雄性可以通过生殖缝和肛门与雄性性交，亲缘相近的海豚也会性交。

作为水下王国的浪子，海豚并不介意性交体位——水平和垂直插入都比较常见。它们可以在中层水域或者海面做；一对嬉戏的海豚可以放慢速度或者满腔热情地拍打它们的尾巴，这样有助于达到快速的性兴奋。他们射精跟勃起一样快：整个插入过程不过数秒钟。雄性海豚响应速度之快也反映在恢复时间上——他再次准备好只需要几分钟，而且可以反复这样做，持续一个半小时。

更大的鲸身上也有类似的阴茎使用的自由度。美国国家海洋和大气管理局的菲利普·克拉珀姆博士（Dr. Phillip Clapham）第一次研究鲸目动物是在科德角附近，在那里他经常去观鲸，而且第一次就无意中看见性交中的雄性阴茎。在春季往海岸的迁移中，北大西洋露脊鲸在科德角附近聚集，并且开始变得活跃起来。有一次，克拉珀姆回忆："当时一个雄性和雌性在船边做了起来，就在边上，我正站在上甲板上，大声喊着'看那里'，还谈论起了鲸类自然史。"它们腹部对腹部，就在海面下，雄性长长的粉红色的杆状物清晰可见。

克拉珀姆所在的下一层甲板有一个女人和她的5岁的儿子，仅仅离交配的鲸一两米远。

"孩子向他的母亲问道：'妈妈，它们在干什么？'母亲丝毫没有犹豫，回答道：'它们正在拯救鲸类，亲爱的！'这话真是绝了。"

但是，这并不是克拉珀姆最喜欢的鲸性交故事。最喜欢的那一个，他说，来自他的朋友兼同事布鲁斯·迈特博士（Dr. Bruce Mate）。迈特是俄勒冈州立大学海洋哺乳动物研究所的主任。和露脊鲸一样，灰鲸也会提供一些相当限制级的观鲸机会。迈特解释说："在墨西哥，游客总是会像在等候'平克·弗洛伊德'乐队上场一般等着，然后经常会获得视觉'奖励'。"

在巴哈西海岸追踪一头雌性灰鲸时，迈特碰到了一个鲸在3P（两个雄性和一个雌性）的场面。它们的性别特征非常明显。当迈特准备尾随其中一头鲸的时候，雌性游到他的船下面，后面还有一个雄性在追赶。显然，这艘船对她来说看起来像一个很好的遮蔽物。不过，雄性没有领会意图。相反，同她一起游上来，他滚动着然后摇摆着他巨大的粉红色阴茎朝着研究人员的充气艇而去。"这个巨大的阴茎在旁边乱刺，试图找到雌性的生殖孔，"克拉珀姆笑着说，"迈特说他在这个时刻意识到……他坐在世界上最大的子宫帽里。"在叙述故事当中，迈特承认："跳到旁边以免'亲密接触'。我当时没有意识到要照相，但是我会愿意拿1000美元来买这个场面的照片或视频。"

虽然鲸和海豚过了很多很多性生活，但是它们并没有生下很多宝宝。鲸目动物中双胞胎极少，因为雌性通常一次只产一胎，经常还要隔个几年。雌性露脊鲸三五年繁育一次，雌性抹香鲸的产子频率甚至更低。

通过阴茎性交有它的缺点，尤其是某些物种的雌性需要携带发育中的幼体。子宫里就这么一点空间。怀孕对雌性来说是费力的，两次生育之间间隔是必要的（另外，在抹香鲸这类的物种当中，幼体可能要哺育几年才能完全独立）。从鲸到海象再到鲨鱼，这种低生育率意味着这些动物在受到捕猎时，面临着更大的种群崩塌的风险。在鲸目动物中，低生育率与复杂的社会系统结合起来会使一些物种在面对渔捕或污染时极其脆弱，结果就是一些物种在衰退后难以恢复。

为了繁殖而性交时，接近雌性的生殖孔只是阴茎和精子旅程的开始。几种雌性鲸和海豚的内部解剖结构有着非常复杂的管路，对此马上我们会探索更多的细节。对于这些物种，成功的受精取决于阴茎和精子在雌性迂回曲折的阴道中的通过能力。在这种情况下长度当然会有优势，有巨量的精子也会有所帮助。北大西洋露脊鲸有着地球上最大的睾丸，满载时每个大约可达半吨。但是，它们不是唯一拥有巨大睾丸的雄性鲸目动物。接近人类大小的港湾鼠海豚的睾丸重量可达身体的 4% ~ 6%，约 3.5 千克。那是人类雄性睾丸平均重量的 100 多倍。大自然处处都彰显着效率，拖着这么大一个产精的设备一定有它的理由，而且还可能与其他雄性的激烈竞争有关。

尽管对鲸目动物的交配行为所知甚少，但是睾丸的大小可能跟精子竞争水平相关，这跟其他动物一样。科学家假设那些有着最大精子工厂的物种可能面临着来自其他雄性的诸多竞争——换句话说，性生活虽然很多，但雄性不能真正地控制雌性。

另一方面，那些少数雄性能够控制并垄断雌性的物种，占统治地位的雄性不需要太多的精子与其他雄性竞争——它们所需要的是一副好的战斗装备。最近研究显示，有些进化特征是为了赢得性交之前的战斗——比如巨大的獠牙，或者是大的体形；有的特质是为了性交之后赢得战斗，即为了泵出巨量的精子以便在雌性的生殖系统内胜出的巨大睾丸。大自然在这两者间进行了一个权衡，由此也造就了一条自然法则：肌肉越发达，那话儿就越小。

长和短

一些鱼种的生殖乳突处于（或者稍微超过）海洋中阴茎长度范围的极端，比如杜父鱼（sculpin）。与其说是阴茎，更像是一个疙瘩，这种微小到几乎只有一点的东西却足以将精子放入雌性体内。为了帮助固定雌性从而进入雌性体内，雄性钩住雌性延长的骨质臀鳍并且抱着她对准疙瘩以便转移精子。不过，阴茎长度范围的另一极端，是蓝鲸的庞然大物，可以长达 4 米，是地球上最长的阴茎。

毫不意外，极长的阴茎容易引起关注。在科学和通俗文学中，关于雄性阴茎长短的利弊有诸多对话和争论——大多数集中在它们怎么被雌性接受。诚然，雄性阴茎的长度（同时还有整体形状）是雌性做出选择的重要因素之一。但是，与女性杂志对阴茎长度和女性快感之间的关系广泛探索形成对照的是，在自然界中雌性偏爱的阴茎尺寸与优秀基因的筛选有关。

对雌性来说，巨大的生殖器（像低沉的嗓音一样）可以是一种健康的象征。正像孔雀身上大方而色彩斑斓的尾羽一样，代表着力量与健康。因此，一根强有力的阴茎也代表着一个强壮且刚健的雄性。经过几代之后，这种雌性的选择促进了种群的雄性阴茎越来越长。

在争取卵子的竞赛中，雄性精子越接近终点线，成功的概率就越大。因此，更长的"杆子"对雄性来说是有优势的。尤其是在那些多个雄性与单个雌性交配的物种中，一根更长的阴茎可以到达的地方超过先前雄性排精的区域，能让自己的"货物"先行一步。它可能还有助于把竞争的精子推到一旁。

不过，如果不加抑制，筛选的层层叠加会导致雄性长出巨大而无用的阴茎。巨大的阴茎是会带来危险的。还记得阴茎硕大的食蚊鱼吗？机动性和功能性的下降限制了阴茎不断地增长。

我们并不能说巨大的阴茎不存在。但是，在羡慕它们尺寸的同时，我们必须考虑长度与所有者大小的关系。看比例才公平，想想更加有趣的比较，比方说，藤壶和蓝鲸。例如，一头 30 米的蓝鲸有一根 3 米长的阴茎，阴茎与身体的比例大概是 1∶10。而人类的比例算起来大约 1∶13。这样看来，蓝鲸打败了我们，但差距不是很大。不过，转移到无脊椎动物，那么完全是另外一个局面。

像前面提到过的，介形虫的插入器官长达身长的 1/3，比例为 1 ∶ 3。因为身体被坚硬的外壳包裹着，雄性介形虫的器官必须有一定的长度以便绕过整个盔甲。雄性女王凤凰螺的阴茎也是类似的情况，接近全部身长的一半。但是，这与世界纪录保持者相比根本算不了什么。如果有阴茎奥林匹克运动会，下面的物种会赢得十项全能，不仅按比例来说是世界上最长的阴茎，而且也非常灵活，还有延展性。

想要见证可能是世界上最具运动能力的阴茎的性交，只需要去潮池参观一下就差不多了。在那里，不要把注意力集中到横冲直撞的鱼，或者到处乱跑的螃蟹，而是要看看高潮线上包裹着岩石的小小的突起。这些有着锋利、锯齿状顶部的房子里面住着一个小小的甲壳动物。它的整个成年生活都是懒洋洋地躺着，挥舞着它的巨大阴茎伸向水里，而且定期会蛇行穿过整个潮池。作为码头桩基、岩石海岸乃至座头鲸的头上的装饰物，你可能听说过它。向藤壶打个招呼吧——地球上最大阴茎的拥有者（相对于身体的比例）。

不要让它们几乎毫无生气的外表欺骗了你：坚硬的外壳之下包裹着的是一个淫荡的甲壳动物，为了一点点性会坚持到底。凑近去看，你会发现藤壶慢慢从外壳中间的裂口处探出一根锥形的透明管子来。然后这根紧缩的阴茎伸展开来，可以达到藤壶体长的 8 倍！

即使是见多识广的查尔斯·达尔文，对藤壶巨大的雄性部分也遏制不住惊喜和兴奋，他写道："长鼻形状的阴茎进化得真奇妙。"

作为虾和蟹的亲属，藤壶是生殖器硕大的介形虫的远亲，但是藤壶放弃了可移动的生活。它们的幼体在水中漂浮几个星期之后，就在硬质的底基上安顿下来——海底或者海龟壳上——之后再也不移动了。它们倒立着把自己粘在底基上，腿竖起来，然后用交叠的硬质板把自己包围起来。当水流过时，它们伸出脚去够食物颗粒；在退潮时，它们可以关闭开口，将水分锁在里面，直到水位再次上升。

对藤壶来说真正的难点是，尽管它们被粘在着陆的地方，但是繁殖需要体内受精，除了一种例外（鹅颈藤壶）。虽然多数藤壶是雌雄同体，但它们并不进行自体授精。相反，它们依靠可伸展的阴茎打开它们的路，从而进入最近的邻居家，有时甚至都不是很近。

像巨型农田灌溉系统中长长的扫管一样，藤壶摇摆着它的阴茎大弧度地向外喷洒精子。管子越长，"灌溉"的面积就越大。但是，不像在农田，在水的世界里，更长的阴茎也面临着更大的阻力。即使最平静的海岸有时也会被激烈的浪潮扫过，那样就会弯曲甚至扭曲爱的"长杆"。同样，最狂暴的海岸可能也有它们安静的季节，到了那个时候，就会出现更多伸长的阴茎。但是，对藤壶而言这些都不算问题，它们原本就是非常熟练的阴茎变形者。

即使外壳坚硬，生活的地方永远固定，为了精确地调整它们的阴茎以应对波浪，藤壶依然展现了柔韧的一面。在实验中，把藤壶从安定的环境移植到艰苦的环境中，那些更短小、更强壮的阴茎更能适应抵抗强劲的潮流。而从艰苦社区来的藤壶，一旦进入更平静的水域，会把它们粗短的木棒伸展成优雅的长条，让它像卷须一样漫游。这种变形并不一定会立即产生——经测算，这些改变需要五个月。还有，除了可以伸展的阴茎之外，这项研究中最令人印象深刻的发现是藤壶还可以任意改变阴茎的形状。

不走寻常路

在城里最受欢迎的一家酒吧里，四个有魅力的女人坐在那里啜着鸡尾酒。她们美丽、年轻而且无忧无虑，享受着傍晚的阳光。穿过迂回的户外天井，一个年轻的男人走进酒吧，经过女士们的桌前。突然，他冲了过来，撞翻了其中一个女人的椅子。他向她道了歉，放好了椅子，然后轻鞠一躬，同时倒退着走出酒吧。不过之后，当她回到家的时候，她发现刚才发生的事情完全不是意外。在她毛线衣的背后粘着一个小小的、精致的装满精液的小包，正在闪闪发光。这是这几个月以来，她第四次被人贴标签了。她叹了一口气，同时试着回想那个男人的样子。其实回想起来，他还是挺帅的……她摘下精包，放入自己的精子库保存起来。

当繁殖期到了的时候，有选择总是好的。

在鱿鱼（squid）的交配世界里，性交可能就是在背上拍了一下。至少，这是在浅滩生活的鱿鱼采用的方法。深海鱿鱼可不一样，我们马上会讲到它们。对于多数鱿鱼来说，比如，我们用来油炸的那种鱿鱼，雄性依靠进化来的左边第四个腕——化茎腕——来交货。这种特化的腕在不同的物种中有着不同的样貌；不过，通常在顶端没有常见的吸盘，代之以肉质的皮瓣，可以保存和转移精包。

章鱼也有化茎腕，顶端由可勃起的组织组成，可以变硬并且有助于插入雌性上部的漏斗。鱿鱼经常把一包精子拍在雌性的外面，章鱼并不是这样，它们让化茎腕——第三个右腕——蛇行进入雌性的体内并直通她的输卵管。章鱼的性生活涉及的动作需要雄性和雌性之间更紧密地接触。这对于雄性来说，不完全是好事。雌性章鱼有着会把她们的精子捐献者给勒死的名声。这就是为什么许多雄性交配时尽量伸长腕足以便远离雌性的原因——是不想让她抓住；或者他会暗中从背后偷袭，跳到她的头上，使她抓不到他。

与此相反，当一个大型发情的雄性鱿鱼看见一个雌性的时候，他可能会在身上闪现一幅具有调情意味的彩色图案，然后在两个体位中选择一种与她交配：头对头，或者平行进行，后一种比较常见。当用后一种体位求爱时，雄性滑动他的第四右腕向上进入她的漏斗中以确保她不移动，然后用他的第四左腕挤出一个精包到她的外套膜（软体动物、腕足动物等体外覆盖的膜状物）上。雄性会把精包放在雌性头上、脖子上，或者她嘴边一个特别的容器里。精包放置位置不是一致的，会因种类不同而不同，因此，在一些鱿鱼中，雄性在放置精包的时候可能会非常取巧。转移本身是很迅速的，在一眨眼的工夫内就能发生（我猜雌性喜欢这种方式，因为一根粗粗的腕足堵住体内的管道不可能非常舒服）。之后，雌性可以用这个精包来为她的卵子授精。

　　然而，对平常捕上来的普通欧洲鱿鱼的观察显示，偷袭的雄性鱿鱼就像乌贼一样，会略过所有的客套，直接对雌性俯冲轰炸，而这个时刻她们正带着挤出的卵鞘。当一个雌性腕上的卵鞘膨出可见的时候，就进入了攻击距离内，鬼鬼祟祟的雄性装作漠不关心的样子抬手伸进自己的身体，吸盘上抓满了精包，然后企图在她伸展的触手之间开个槽投进去，目标显然是卵鞘。依靠极好的游泳技术和灵活性，这些鬼鬼祟祟的雄性会试着去交配，不管雌性是不是单身，或者有更大的雄性守护，或者与伴侣正进行到一半。这些雄性熟练得像一个扒手，不过离开时并不会带走贵重物品。

　　想象一下酒吧里的情形吧。雄性巧妙地把小捆包着强有力基因的包裹滑到上衣背面或者裙子的边缘。对于雌性来说，被交配的风险半径只有一两米，每个经过的雄性都具有高度的威胁。

　　与此相反，一些深海鱿鱼没有化茎腕。多少年来，这些巨型捕食者如何设法将精子转移的问题依然是一个谜。科学家建立了一个理论，这种鱿鱼的末端器官（指的是那个连着储精囊的长管）必定在精子转移到雌性的过程中起到一定作用。但是，他们不确定这是如何实现的。鱿鱼的外套膜覆盖在身体外面并保护内脏，只有头和触手在一端露出。有一种设想是这样的，如果雄性可以头对头地控制住雌性，就像在其他鱿鱼种类中观察到的，也许这个末端器官——又叫鱿鱼阴茎——可能可以接触到她。

一系列有趣的证据指向了这种设想。首先，在某些种类当中，末端器官比外套膜长，这为它可以伸长绕过雄性的身体从而碰到雌性提供了证据。其次，在一头抹香鲸胃中的残留物里发现了相互交叉的喙状嘴，它们来自一个雄性和一个雌性鱿鱼，一种缺少化茎腕的深海鱿鱼（这也意味着这头抹香鲸可能吃下了这对正在交配中的夫妻。性交会分散注意力从而带来危险）。但是，因为之前没有人见过深海鱿鱼干这事，那也就不可能明确知道这种鱿鱼的阴茎是否可以真正地完成工作。

之后，2006 年，科学家第一次看见了末端器官如何发挥它所有的潜能。

福兰克群岛附近，一条鱿鱼在一次科学研究考察中从近千米之下被带了上来。随着它从深海栖息地升上来，压强的变化几乎杀死了这个生物。它躺在船的甲板上，触须颤抖着。这条鱿鱼濒临死亡，甲板上的科学家决定割开它的外套膜研究内脏。随着研究人员剥掉这层保护膜，他们看到了雄性特征，苍白的末端器官躺在里面，长度正好能够碰到外套膜的边缘。因此，科学家在笔记本上记下了这个动物的性别，直到这时，一切都在有序进行。

然后，大庭广众之下，那根强有力的阴茎开始伸长并且变硬。它越过外套膜的开口处，再经过头和巨大的眼睛，一直来到展开的触手顶端。相当于一个男人把手伸过头顶，而他膨胀的阴茎一直伸到他的指尖（而且还是从膝盖的位置开始勃起）。

这条濒死的鱿鱼最后强力且持久的勃起证明了它的雄性气概。这条鱿鱼的总长只不过 30 多厘米，这根完全伸展的末端器官的长度却超过 60 厘米——在性生活中足够接触到雌性。考虑阴茎和身体尺寸的比例的话，世界纪录保持者是藤壶，它居第二名。

就在同一年，另外一个发现让我们对这个巨大的、膨胀的深海鱿鱼阴茎愈加敬重了起来。

2006 年以及 2012 年，遥控水下机器人抓拍到了正在性交的两条鱿鱼，而且它们并不耻于继续它们的壮举，尽管处在明亮的灯光和闪烁的摄像头前。此时亥姆霍兹海洋研究中心汉克－詹·霍文博士（Dr. Henk-Jan Hoving）和史密森尼博物院的迈克尔·维舍尼（Michael Vecchione）分析了镜头，他们发现他们见证了一次不寻常的现场示范。交配中的鱿鱼采用的是 69 式，雄性在上，但是是背对着雌性的，肚子朝上。这是研究人员第一次看到性交中的末端器官以及性交的姿势。

我们真的应该欣赏其中的精湛技巧，想象一个男人用背躺着，在一个女人的上面，她也是背躺着，他们的头在各自脚的方向。然后，他让阴茎循着弧线前进并绕过肩膀缠绕到后背，再插进躺在身下的女人。我们谈论的正是一根赶得上雄性体长的阴茎做了一个反向后空翻动作。

能亲眼看到一条深海鱿鱼的勃起过程是非常了不起的，理由有两个。第一，不可否认那是一条好长的阴茎。就长度比例而言，它在动物王国里排在第二位，并且是地球上所有会移动的无脊椎动物中最长的。第二，见证这个阴茎触及的范围有助于解答没有化茎腕的鱿鱼是如何把精子从雄性转移到雌性的。或者，在某些情况下，雄性到雄性。

通过研究保存的标本，霍文经常看见雄性身上覆盖着精包，但是他不知道这些来自另一个雄性还是雄性在自我授精。这可能发生在鱿鱼被抓住并从深处拖上来的时候：雄性射精并且将精包附着在附近任何可以附着的东西上。为了解开这个谜，霍文和他的团队决定梳理之前遥控水下机器人拍到的几百小时的视频录像。浏览了这些影像，他们可以看到活的雄性身上覆盖的精包跟雌性一样多（附着的精包呈现白色，它们与深色的鱿鱼形成对比，辨认起来相对简单）。提到选择配偶，多情的鱿鱼目光可就没那么敏锐了。

在漆黑的深水里，交配的机会极少，而且相距又远，因此在那里辨认雄性和雌性会很困难。雄性宁可浪费一些精包为另一个雄性授精也不愿错把雌性当成雄性从而错过一个极其少有的交配机会。不妨个个都尝试，以防万一。

霍文和维舍尼对比了博物馆的标本与现场的观察，也确认了影片中拍到的交配夫妻杂技似的精子植入。一个同样来自深海物种的博物馆雌性标本身上带着好几个精包，这些精包深深地植入到了她外套膜上的鳍的连接处。这也是视频中雄性末端器官接触到的雌性的位置。不过，鱿鱼性生活之旅的最后一步依然是个谜：我们不知道精子实际上是怎么到达卵子的。霍文已经得出几项有趣的发现，并着手解释这个过程，其中包含了鱿鱼精包会有它们自己的想法。当精包从末端器官喷出的时候，阴茎的顶端会像一个触发器一般爆开这个小包，释放出的精子束——又称为精子囊——摆动着钻到雌性肉体下面。精子囊中含有几百万个精子，此时必须以某种方式让它们开出一条路到雌性的皮肤下面进入授精的地方。在雌性鱿鱼身体中有储精袋，精子移居或者从身上植入的地方移动到这个精子容器中。在另一些种类当中，雄性直接把精包放进外套腔（软体动物外套膜与内脏团、鳃、足之间的间隙）内，在那里精子可以为从输卵管里出来的卵子授精。但是，如果精子放置在尾部或者嵌入到雌性的头部后面，那么就有很长一段路才能到达输卵管或者卵子排出的开口处。

这也是霍文口中的海洋"超级软体动物"的另一个神秘之处。而且它们确实担得起"超级"这个名号。一般来说，鱿鱼可以短距离地飞出水面；它们的伪装能力超过任何物种；它们有着视力极好的复杂的眼睛；它们可以自己发光；而且它们可以延长自己的阴茎到身体那么长。即使超人也做不到这一点。

尽管鱿鱼长长的阴茎令人难忘，但是部分物种进化出了炉火纯青的阴茎使用技巧，让鱿鱼也相形见绌。

可分离的阴茎

当扁形虫在近战中用它们轻巧的长矛战斗时，当鱿鱼展示着令人难忘的伸缩装备把精子拍到雌性身上时，有些海洋雄性会把它们的阴茎变成抛射机器的弹药。

有一种不同寻常的八脚软体动物叫船蛸（argonaut，蛸音"肖"），它是章鱼的近亲。它不愿像多数亲属一样过底栖生活，反而喜欢漂游在开阔的海域中。人们经常会发现雌性船蛸会从漂亮而且薄如纸的外壳中伸展出优雅的触手，它们另一个常用名就由此而来：纸鹦鹉螺。一个半透明、珍珠白色、形状像两个鲍鱼壳从外缘铰合在一起，这种易碎的分泌物用来充当雌性孵化受精卵的房间。虽然她的身体不像牡蛎和海螺一样附着在壳上，但是雌性船蛸会在精致可移动的家里卷曲着，一边用气泡调节她们的浮力，一边漂浮在中层水域的王国里。

雌性船蛸算不上是一种大章鱼，可以长到大约45厘米长。不过，雄性船蛸相对于她，可以说是侏儒。当雄性完全长成的时候，身长大概有2.5～4厘米，看起来小得吓人。但是，任何雌性要是第二天醒来发现她的鳃上塞满了仍旧在扭动的掉落的阴茎，可能对此会感觉不一样。

是的，雄性船蛸可以甩出他的化茎腕并且让它为远处的雌性授精。尽管雄性身材偏小，但他们的阴茎触手在尺寸上并不落下风——比雄性的整个身体还长。到了交配的时候，他把专门的附属器官藏在位于左眼底下的袋子中。当机会来临时——对雄性来说一生只有一次风流韵事——他从薄薄的壳里伸出他爱的触手，然后仿佛放下了所有的执念，他割断了珍贵的附属器官，然后就游走了。他的化茎腕像蠕虫一样向雌性做最后的冲刺时，必须自己照料自己。雄性之后很快就会死掉，但雌性会一直活着，还会再次交配，割断的阴茎会牢牢地植入她的外套膜之中。

雌性会发现身上有来自不同雄性的多个化茎腕，都挤在她们的外套膜上，这显示了单个雌性船蛸也许有能力孵化由多个脱落的阴茎授精的卵子。在开阔的海洋中，船蛸的性生活绝大多数时候是一个谜。而且，它们过去还曾迷惑过我们。

第一次被发现的时候，雄性船蛸脱离的阴茎被认为是一个物种——会紧紧抓着雌性不放的某种奇怪的寄生蠕虫。它们甚至被赋予了它们自己的属——*Hectocotylus*（化茎腕，但是这个词现在适用于所有头足类动物特化的阴茎触手）。雄性是如何准确地将他的阴茎变成一个抛射器的，以及为什么他变得如此极端，我们仍然无从知晓，某种程度上是因为活的雄性船蛸极为少见。

不过，我们知道，雄性船蛸不是唯一一个被发现喜欢可分离的附属器官的生物。许多物种会以生存的名义放弃肢体然后再生一个：海星可以轻易地断肢再生，蜥蜴的尾巴也能再生。但是，与再生一个阴茎相比，上述这些只不过是小把戏。在这里我不是要说像海螺一样再生某些在不幸中损坏的阴茎，而是一个可以制造全新性器官的物种。

分节的矶沙蚕（palolo worm）是蚯蚓在海中的亲属。满月可引发它们

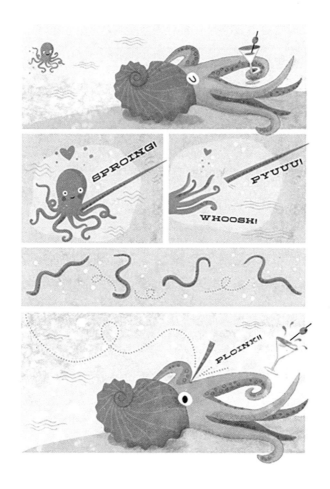

大规模的性集会，雄性和雌性带着精子或者卵子的尾部会膨胀，然后再从虫的主体上分离。这被称为生殖态，是以性的名义牺牲身体的后半段的一种生殖现象。

当头部仍然在海底打洞的时候，分离的部件在缓缓地向海面螺旋上升，就像一个离开母舰的逃生舱。尽管它没有头，但是，"有性节"（承担生殖态的部分身体）生来就具有自己的一双眼睛。接近到达水面的时候，发芽的后部爆开，然后将配子溅到水中。海面上之前早已聚集了成千上万切断的虫屁股，这些配子与其他虫屁股喷出的精子或卵子混合在了一起。同时，位于海底的虫子前端开始重新生长出一个尾部。

再生过程通常要用几个月，然后重复上述过程，并贯穿蠕虫整个生命历程（有些蠕虫甚至可以活几十年）。

相比之下，沙蚕科的沙蚕（ragworm）并不切断它的性部件——它变成它们。作为饵料，渔民可能熟悉这些虫子，或者水族馆管理人员也可能认识它们，因为可以作为水箱里的鱼饲料。在越南，它们甚至被人当作美味吃掉。在世界各地浅水海岸带和河口处，它们是鸟类和鱼类共同而且重要的食物来源。但是，真正让它们和别的动物区分开来的是它们变形的性生活。随着它们变得成熟，这些沙蚕经历了戏剧性的变形。这是另一种形式的生殖态，但是这次不仅仅是尾部，而是整个虫子都变成了性器官——一个巨大的漂着的精子或卵子囊。

为了从底栖爬行者向水面产子者转换，沙蚕几百个刚毛似的爬行足变成桨状的游泳附肢；身体里填满了精子和卵子后，它的内脏萎缩了，而且现在它游泳的前端变得更强壮，上面的眼睛也进一步扩大。一旦转型完成，沙蚕就会等着满月出现。发光天体上的光激发了沙蚕从海底一块儿上升游向表层，然后爆开喷发出精子和卵子。那是致命却有成效的大众狂欢，也是一个相当悲壮的青春期故事。

已知唯一一种有"即抛型"可再生阴茎的动物是白边多彩海蛞蝓（*Goniobranchus reticulatus*），这是一种热带裸鳃亚目动物，发现于印度太平洋海岸的水域中。这种海蛞蝓不但厉害到经历自宫而不死，而且一天内就可以造出一个备用的阴茎，准备再次切割。这些漂亮、有明亮红白斑点的海蛞蝓基本上是一个阴茎售卖机，怀着一个长长的、卷曲的组织，它可以伸展出一个又一个的阴茎。这种紧密盘旋的块状物足够长，至少可以过三次性生活，中间只要少许休息。

作为相互交配的雌雄同体，两只海蛞蝓在交配期间会紧密合作。首先，它们接近并接触对方的生殖孔仿佛要确定方位。其次，双方分开并转到脸相反的方向。它们沿着自己的右侧排列起来，稍作调整以适应伴侣伸出的阴茎，然后开始并同时完成插入。几分钟过后，授精完成。再次，每个海蛞蝓开始从对方那里抽出，两根阴茎在两个分开的身体之间伸长得像个橡皮圈。它们伸长再伸长，越拉越细，直到不能再长。最后，一个海蛞蝓从另一个身上拽脱；第二个跟着也拉出来。它们爬了开去，拉长的阴茎拖在它们后面，像个不幸被过分拉长的弹簧玩具。几分钟后，它们直接丢掉这额外的包袱，开始生长一条新的。

每个海蛞蝓都相互交配，交换精子，然后带着自己的阴茎离开。看起来相当文明，可真的是这样吗……直到你在显微镜下观察它们，这些双重交配者顺手牵羊的本性就突显出来了。

阴茎的末端鳞次栉比地覆盖着锋利的倒钩。这些倒刺像魔术贴，挂住精液并在脱离的时候把它从生殖孔里拉出来。虽然这些小钩子有可能抓住阴茎主人自己的精液，但是大多数情况下，这些多刺的头会把雄性竞争者的精液给掏出来。

这些在海底滑翔的美丽动物安逸地住在珊瑚当中，每个季节都有充裕的交配机会，导致种群中"一半"的"雄性"展开激烈的精子竞争。一根长的阴茎可以深深地探入，而一个膨胀的、蓟状的阴茎头可以把先前就在那里的精液刮出来，这两个特征在竞争中是非常有利的条件。

实际上，在海洋中，多个阴茎是很常见的，有些物种会突然一下子把它们亮出来。

双重生殖器

射精，自然界的伟大力量。但是，对于雄性鲨鱼来说，更像是缓慢泄漏而不是像消防水枪般地喷射。因此，它们不得不把它们的阴茎变成某种类似高压玩具水枪的东西，然后通过"压力泵"来助推它们原本不是很有力的喷发。鲨鱼有两个插入器官，每一个都有这种内置的额外火力装备。

从表面上看，鲨鱼的阴茎，又叫鳍脚，看起来像哺乳动物的阴茎，但实际上它们是腹鳍的延伸，沿着中间有一道简单的凹槽。这些由钙化软骨构成的延伸，随着雄性的成熟，会变得越来越坚硬。

这套对称的香肠形棒子位于鲨鱼腹部接近尾巴根部的地方，看起来真的像它们应该有的样子，不过，科学家起初认为雄性用它们抓握雌性，因此名字也是这么来的（鳍脚的英文是 clasper，也译作抱器、攫握器）。实际上，鳍脚根本不夹东西，它们用来捅刺，然后像爪钩一样进入雌性并将其固定。

从鲨鱼出生的那一刻起，这对鳍脚就很明显。但是，一条新生的雄性幼鲨只有松软的鳍脚。随着年轻"小伙子"的成熟，这个垂悬物会变长，向内弯曲，并且变硬，看起来像两根巨大的雪茄。一些鲨鱼种类可以让它们完全成形的阴茎收起来与腹部齐平，从而减小阻力。即便如此，它们的双重阳具也没法完全藏起来。下次你站在水族馆的玻璃隧道下面时，检查一下在你头顶上巡游的鲨鱼或鳐鱼。雄性的特征还是很明显的。

顺便说一下，在金鱼中，这种性别鉴别可不是轻易可以做到的。它们与鳕鱼、鲷鱼和鲑鱼一样，性别这个秘密藏得深得多。但是，鲨鱼是一种不同类型的鱼：它们是软骨鱼纲板鳃亚纲的鱼类，名字来自它们骨骼的材质。它们的骨骼与构建我们鼻子和耳朵的材料是一样的（与之相对的是在我们身体中和那些硬鱼骨中发现的钙化骨头）。古代的软骨鱼与硬骨鱼大约在 4 亿年前分开，进化成了今天的鲨鱼、鳐形目和银鲛。并且它们天生带来了令人难忘的性器官。

例如，一条 3 米长的大白鲨可能会有着一对长约 1 米的鳍脚。动物王国里最淫秽的镜头大概就是跳跃中的大白鲨露出了巨大的鳍脚，背上洒满落日的余晖，跃离海面去抓一只逃离的海豹。

　　研究鲨鱼的繁殖是一项具有挑战的专业：极大的多样性以及高度谨慎的天性是它们持续保持神秘的完美秘诀。海洋中总共有超过 1200 种软骨鱼类。它们几乎有一半生活在水深超过 200 米的海水里。我们对它们中的多数所知甚少，最少的则是它们的性生活。我们所知道的是，它们都进行体内受精，需要雄性和雌性近距离接触，以及鳍脚的高效使用。

　　佛罗里达州立大学的迪恩·格拉布斯博士（Dr. Dean Grubbs）已经研究鲨鱼繁殖 20 年了。他指出，当一个雄性推动他的鳍脚进入雌性的泄殖腔（阴茎、小便、大便进出的总开口，在许多物种当中，也是活的幼体出生的开口），它就会向外张开并且本身会稍微向后翻，像一只张开的手。一些鳍脚是用格拉布斯所提到的"温和的锚固系统"装饰过的，但是其他人则指出，顶端钩状的倒刺并没有那么温和（至少有一种鲨鱼，蓝鲨，雌性长有特别厚的阴道壁，可能是进化出来应对这些尖锐的附属器官）。这个锚有助于雄性停驻在雌性的内部以保证有足够长的时间让他卸货。

　　因为鳍脚只是腹鳍的延伸，外形卷曲，里面没有管道（比如尿道）连接精子存储的地方和"杆子"的底部，而"杆子"的底部到顶部也没有管道。相反，生殖乳突——看起来像乳头，其实是精子出来的开口——位于雄性泄殖腔上方，接近鳍脚的底部。所以，当哺乳动物的雄性从阴茎的顶端射精时，鲨鱼的精液与其说是射出不如说是渗出，而且速度很慢地顺着鳍脚流下来。

　　接近鳍脚的底部有一个微小的孔，刚好挨着生殖乳突。每个鳍脚都有一个小孔，并且每个小孔都和一个细长的内部囊相连，这个囊贯穿鲨鱼的腹部。在未成熟的鲨鱼中，囊只有躯干的一半长，但是在成熟的雄性中，它一直通到鳃下。

　　"当成熟的雄性下决心开始干事的时候，"格拉布斯说，"它们运用肌肉的收缩来创造一个真空，这就可能有效地通过小孔吸入海水。这个囊充满后就像一个水球。"为了刺入雌性，雄性经常使用较远一侧的鳍脚，越过他自己的身体，然后把它压入雌性身体。这意味着如果雄性在雌性的左边，他会用他左边的鳍脚来插入，而理由如下：因为鳍脚越过自己的身体去插入时，小孔就能直接接触到鳍脚上的凹槽。随着雄性通过生殖乳突释放精子，他收缩内囊附近的肌肉，从小孔里挤出海水。压迫产生了高能的海水流来冲走精液，让精液顺着鳍脚流进雌性体内。这可以说是非凡而独一无二的射精系统。

被我们直接观察到的鲨鱼性生活案例很罕见，其中一个案例便是铰口鲨，它们在热带浅水处栖息，增加了我们观察的机会。铰口鲨的性器官看起来像一个巨大的铜色开瓶器，两条（或者更多）鲨鱼的身体纠缠、扭曲在一起，同时雄性咬向雌性两个巨大胸鳍中的其中一个，并且用他的身体把她包住。这种手段会留下搏斗的伤痕。类似的伤口从蓝鲨到虎鲨都普遍存在，暗示着这可能是普遍的交配习惯，是雄性用来操纵雌性调整体位的方式。

雄性铰口鲨牢牢抓住她翅膀一样的胸鳍后，用他的尾巴当作杠杆把雌性侧向一边，直到她翻过来，或者甚至垂直地把头向下按——以便可以进入她下面的入口。在鲨鱼、鳐目和鲼形目的雌性当中，泄殖腔位于两个腹鳍之间，雄性也是一样。一旦位置合适，第二条鲨鱼的出现也经常有利于成功，他有助于把雌性控制在合适的位置。第一条鲨鱼操纵最近的一个鳍脚插入雌性。有两个阴茎就是有这个优势。

对雄性来说，与不情愿的雌性鲨鱼扭斗，还要把她翻转进入合适的体位，真不是一项容易的任务。很明显她并不想参与这件事，但是在奇怪的、有点类似 SM 的反转后，这种求爱的撕咬似乎征服了雌性，甚至诱惑了她。在某些物种当中，爱的撕咬表现得很极端，雌性需要额外的衬垫减少撕咬的影响。但是，随着雌性皮肤增厚，雄性的牙齿也变得更锋利。在小型鲨鱼和鳐形目当中，包括黄貂鱼在内，雄性有特化的牙齿，是为交配目的而设计的——我们知道这些牙齿是明确为性行为服务的（与之相对的是吃东西的牙齿），因为这些牙齿只有在交配季节出现。性交牙齿提振了雄性鲨鱼的"雄风"——就像吸血鬼版的伟哥。

现场见证到的鲨鱼的性生活看起来是一件非常匆忙的事。这是有道理的，因为雄性嘴里塞满巨大的胸鳍都快窒息了，雌性也急切地想把雄性甩下去。到目前为止，我们观察到的情况中，雄性鲨鱼一次使用一个鳍脚，然后插入 20 ~ 30 秒后就离开了，不过，有时候会更长一点。至少在铰口鲨中，当一只雄性完事后，另一只经常在附近等着，而且一只雌性可以在快速交替中与一群雄性鲨鱼交配。是强迫还是自愿？我们就不得而知了。

鲨鱼并不是唯一有着双阴茎特性的物种。因为我们早已发现介形虫也有两个阴茎，桡足类也是。其他有多个阴茎的物种还包括可口美青蟹（blue crab），会用一对游泳足把精包植入结对的雌性生殖孔当中。生活在沙中的异触虫（*Pisione* worm）是极少数进行体内受精的多毛类环节动物中的一种。这些蠕虫有多个阴茎或者阴道，每个体节都有，有些物种超过 10 节——当它们过性生活时，就像一个巨大的拉链拉起来了一样。

对依赖阴茎来完成交配的物种，多种多样的海洋阴茎只是"交配方程"的一半。通过合适的对接将精子传递到雌性的容器中，性才算成功——而属于雌性的那另一半也有自己一系列丰富多彩的大小、形状、样式以及功能。

第五章

内室

从内到外影响性

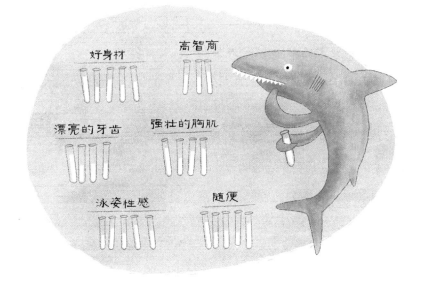

性海二三事

- 鲸的阴道很曲折，精子需要一个好的 GPS。
- 一些鲨鱼在完成交配后，几乎可以怀孕长达四年。
- 在鱼类和蠕虫当中，矮小的雄性是很好用的性奴。
- 波浪之下，单性生殖依然流行。

性海背景乐

1.《食人兽》——霍尔与奥兹二人组
"Maneater" —Hall and Oates

2.《比利·金》——迈克尔·杰克逊
"Billie Jean" —Michael Jackson

3.《宛如处女》——麦当娜
"Like A Virgin" —Madonna

"归根结底，雌性有主场优势。"

这是美国国家海洋和大气管理局西南科学中心的莎拉·麦斯尼克博士（Dr. Sarah Mesnick）对体内受精繁殖的总结。雄性投入极大的资源用于增大体形、发育用于对抗其他雄性或者与雌性调情的构造。它们也对巨大的阴茎投入甚多，某些情况下还会长出硕大的睾丸。所有这些都致力于缩短精子和卵子的距离。不过最终，那最后一段路程——几毫米或者几十厘米——是在雌性生殖系统里完成的。

这段路很有可能成为一场障碍赛。

进化压力驱使雄性进化出高效且实用的外生殖器，同样也驱动了雌性繁殖器官的进化。她的性器官的形式和功能两者都致力于保护她基因的命运。这意味着雄性和雌性两者都为了控制后代的父亲身份做了斗争。这也引导雌性出现了一些显著的适应性改变。

不幸的是，科学界对于雄性生殖器进化的研究多过雌性生殖器。虽然一般来说观察和研究阴茎比阴道更容易，但是与这种不平衡有更大的关系的是一个长期存在的假设：换句话说，就进化而言，雄性的性处于驱动地位。

　　这种偏见可以一直追溯到维多利亚时代，在当时可以算是一种准则，那时科学家假设雌性——以及她们的性器官——是游戏的被动参与者。主要的观点是雄性为了获得雌性互相战斗，而且拥有最合适基因的将获得奖励：成功的繁殖。赢家的基因由此得到继承，继而影响物种的命运。达尔文最早挑战了这个观点，他当时指出，雌性通过选择带有最鲜亮的彩色羽毛或者最长、最华丽的尾巴的雄性，从而可以影响特征如何进化。这种性选择可以导致特征的进化，而这些特征与生存无关，只与得到配偶有关。

　　今天，我们知道雌性的选择比看到的要复杂。神秘的雌性选择——雌性在交配中甚至交配后影响谁的基因胜出的能力——是大自然的一种主要力量。通过行为、形态（形状）和化学的手段，雌性的身体已经进化出不同的方式来让某次交配更加成功或者更难成功，而且在某些情况下可以控制后代的生存能力。在许多物种当中，雌性可以储存精子，而且通过物理操作、性激素或者其他机制调整，确定哪个精子要释放到生殖系统中。阴道本身也能成为一个筛选设备。分泌物可能会摧毁一个雄性的精子而保留另一个，这是基于基因的兼容性。或者，就像我们将要看到的，阴道本身的形状可能就拥有选择的能力。从精子的角度来看，雌性的生殖系统就是一个战场，在那里不仅要与其他雄性精子继续竞争，而且战场本身也充满了障碍，而这些障碍是经过设置的，专门干掉某些精子，同时吸引另外的精子。

　　这也就是为什么，相对于阴道研究，阴茎研究的优先权依然较高这件事情让人惊讶了。这令人不安，理由有二。第一，研究课题中的偏见歪曲了对于物种为什么进化的基本理解，有可能低估了雌性的选择权和选择在影响进化进程中的角色。

　　第二，在实际层面上，这种生殖的性别偏见影响了对生殖生物学的基本理解，没有正确的认识，我们就无法有效地管理自然种群。如果渔业管理的目标是将野生种群的生殖潜力最大化，那么我们必须知道基本原理，即是什么导致了种群的成长和萎缩。

　　同时包括了雄性和雌性外生殖器的研究在数个方面展现出了深刻见解。比如，在某些鸭子中，雌性一直是被压着进行"强迫交配"。在这些物种当中，精子竞争会很激烈。雄性拥有精致而且细长、逆时针旋转的阴茎，雌性则有一个复杂的、顺时针旋转的阴道，展现了对授精这一行为的防御能力。尽管要经历多个不自愿的交配事件，雌性依然在很大程度上对受精有所控制。反过来，这也影响了（哪个）雄性真正地对种群的基因池的贡献。

　　对于体内受精者而言，决定了交配成功与否、后代的孕育和最终的种群基因多样性的因素会在雄性离开以后才起作用。因为许多物种——海洋哺乳动物、海龟、鲨鱼——在人类的开发利用之下会更加脆弱，所以获知所有可能影响繁殖的因素就变得至关重要。为了达到这一认知，交配方程的两侧我们都需要了解。

　　在老派的解剖工作和高科技工具的帮助下，一些研究人员已经开始抵制研究偏向的趋势并且梳理出不同物种的雌性对性进行操纵的种种方式。雌性通过性行为与一些神奇结构的结合来运用这种选择。比起一说阴茎就谈论"有多大"而言，阴道可以告诉我们更为多样的东西。

物理障碍：鲸的阴道独白

　　研究鲸的阴道并不容易。但是，带着一点创意和一个联邦快递账户，这还是有可能的。

　　海洋中大型鲸的阴道可能大到足够让人走过去。它们也有可能复杂到需要 GPS 来导航。莎拉·麦斯尼克是海洋哺乳动物专家，专门研究生殖和交配系统，她和来自加尔维斯敦市得州农工大学的同事达拉·奥巴赫（Dara Orbach）决定冒险探索鲜为人知的鲸的阴道世界。虽然她们没有机会调查那种两米多高的生殖系统，但是她们查看过几种小一点的鲸、海豚和鼠海豚，而她们的发现相当惊人——同样惊人的还有她们进行此项研究的方式。

研究鲸的阴道是一项艰难的任务。鲸阴道的主人住的地方远离海岸，我们看不到她们。而且，即使我们找到她们，也很难接近，并且要待足够久来见证它们做爱，更是一项挑战。虽说许多潜水者不经意间看到过海豚勃起的阴茎，但想搞清楚鲸类阴道里正在发生什么仍旧十分困难。因此，这两个研究人员会怎么做呢？

首先，她们会去研究文献，特别是早期博物学家的研究，包括世界上关于物种解剖的精细描写——特别是关于那些神秘的偶尔会搁浅的大"鱼"。当一个样本搁浅时，当地的科学家会进行解剖。

"在那个年代，"麦斯尼克解释道，"科学家知道他们在描述某些新鲜而且与众不同的东西，因此他们真正地进行了许多详细说明。"今天，这些陈旧的纸张被研究人员当作藏宝图来用，它们最终呈现出一个令人困惑的雌性生殖结构大杂烩，横跨多个不同鲸目动物的物种。当然，到现在为止，草图和注解只能到这种程度。想真正了解鲸的阴道里正在发生什么，需要你捋起袖子——至少捋到你的胳膊肘上——然后干点解剖的活儿。

在美国，自从鲸被《海洋哺乳类保护条例》保护起来之后，研究人员不能简单地出去抓一些来然后把它们运回实验室。相反，这个团队依靠的是一个研究人员网络，遵循标准的协议用来处理搁浅上岸的海洋哺乳动物。当一个动物搁浅并死亡时，科学家想要知道为什么，于是他们组织一次验尸（动物解剖）。"我们联系那些找到这些动物的人，并要求他们保留生殖系统，然后把它们送给我们。"而麦斯尼克说到"系统"的时候，她的意思是所有一切，从阴蒂（是的，雌性鲸和海豚有阴蒂！）向上到阴道附近，再到子宫、输卵管，还有卵巢。

麦斯尼克承认要求一个陌生人快递鲸的阴道会显得尴尬，即使对科学家而言也是如此。但是它还是起作用了——只要别把快递弄混了。你能想象吗？某个研究人员兴奋地走下大厅开始打开快递，期待着她的新显微镜，然后……什么玩意儿？映入她眼帘的是一米长的雌性鲸生殖器官。这可太棒了。

现在，研究人员有了冷库，里面装满了从各地运来的鲸生殖系统。除了搁浅的鲸，麦斯尼克也收到了渔获副产品——在捕鱼时意外被捉到的动物——这些是由商业船上的政府渔业观察员收集的。随着手里的样本数量不断增多，麦斯尼克和奥巴赫发现，与多数哺乳类不同，鲸目动物有着非常复杂和弯曲的阴道。通常一个哺乳动物的阴道是简单的管状或者洞状，远端连接到子宫颈。但是，在鲸目动物中，一系列的皮瓣、褶皱、死胡同以及漏斗状的构造，在精子面前展现了一个令人眼花缭乱的迷宫。

"第一次解剖是一个严峻的挑战，当时我们切开阴道并第一次观察它，那里有那么多的结构，我们想不出一个精子是如何从这头游到那头的。"麦斯尼克说。研究团队已经发现一些种类有单个或多个漏斗状的物体。其他的有皮瓣或者多重的褶皱，叫作"假子宫颈"，因为它们看起来像真的子宫颈。麦斯尼克和奥巴赫系统记录了各个种类的生殖结构的各种尺寸、形状甚至方向。而且她们已经发现不是每种都是复杂的，有一些种类要简单得多。针对这些结构的研究很困难，原因之一是多样性——每种鲸的生殖结构看起来都不一样。麦斯尼克说团队必须找到一个关键点，通过这个点，他们只需要观察阴道结构就能认出这个物种。（当然，这让我想到了基于阴道的物种鉴定书。）

关于这些结构的形成有多个理论，包括这些扭曲和拐弯都是用来阻止水（海水对哺乳动物的精子是致命的）进入生殖系统的。但是，麦斯尼克认为可能有其他的原因："问题很简单，如果所有的鲸目类物种在水下交配——

它们也是这么做的——而皮瓣和漏斗只是用来把水阻挡在外，那么为什么物种之间会有这么大的差别呢？"

这个问题问得很好，而且正在进行的研究帮助梳理出了答案——不仅仅是关于阴道的研究，也包括关于雄性生殖器的研究。麦斯尼克强调，雄性和雌性之间形状与功能的关系最重要。因此，她和同事们对同一种鲸的阴道复杂性与睾丸大小做了比较。

初步发现表明，如果一种鲸的雌性拥有更加复杂的阴道，那么雄性也可能进化出更大的睾丸，就像我们已经讨论过的，会倾向于高度乱交的模式。当雄性和雌性总是过很多的性生活，雌性可能对雄性的筛选控制得更少。相反，她们有可能依靠更加复杂的阴道来为她们做过滤工作，事中和事后，在精子通往卵子的途中清除次要的精子。

在少数雄性垄断了约会对象的种群里，这种煞费苦心的雌性内部防御可能不是很必要，雄性也不需要如此笨重的睾丸。从雌性的角度来说，与其必须从许多雄性里选择最好的精子，不如只从一个或者几个雄性接收精子。这些精子来自最健康的雄性，而这些雄性则预先通过史诗般的战斗被筛选了出来，他们为了第一时间接近雌性，首先必须经历战斗。麦斯尼克和同事们提出了一个假设，如果一种鲸的雄性睾丸较小，那么雌性的阴道也会比较简单。

这些关于雄性和雌性生殖器的研究表明，鲸的阴道所做的远远不止被迫接受鲸的阴茎。实际上，她可能组织了一系列的防御和进攻，通过分岔的小路和活门阻止不想要的交配，也可以鼓励最快或者最健康的精子到达最终的目的地，给它们创造条件以便它们更容易找到路。关于这些结构能做什么有好几种假设，这些假设并不都是相互排斥的。麦斯尼克和奥巴赫的研究可能会找到答案。

虽然盘绕的鲸阴道有着独特的魅力，但麦斯尼克指出，不同种类间生殖结构的不同反映了生殖策略的重要区别，这种策略可能影响了它们应对人类侵扰的方式。相对于拥有高度有序的社会系统以及更复杂交配策略的物种，雌性与多个雄性交配并且精子竞争占主导的种类对外界干扰可能有更强的抵抗能力。

通过求偶表演或雄雄竞争在种群中建立清晰的层级制度，并由此进行配偶选择的鲸种，一旦失去占统治地位的个体，可能会让雌性失去首选的配偶，因此也降低了交配成功率。这仅仅是一种推测，但是麦斯尼克指出，可以想象与最强壮、最年老，或者最有竞争力的雄性统治者交配对雌性是有好处的。正如前面讨论过的抹香鲸，雌性可能不愿意与较小的雄性结合，因为他们的表演和能力都不能给她留下深刻印象，或者在层级制度还不明晰的情况下，她们可能只是简单地花更长的时间来选择配偶。对各种鲸的交配策略更加熟悉之后（阴道形态学可以帮我们理解这些策略），有助于我们设立现实的种群恢复预期，并建立合理的管理计划。

把种子带走：有自己精子库的雌性

　　她出了一个长长的差，简直令人筋疲力尽。会议终于结束了。在第二天早上离开之前，她可以在酒店的高档场所里享用一些酒水。那里的酒保非常好看，真是不错的福利。一杯，两杯，三杯……不知不觉间，她已经和他一杯一杯地拼起了龙舌兰，直到打烊。接下来发生的就顺其自然了：两个互相吸引的成年人一整夜享受着对方的陪伴。第二天早上，她在他之前醒来，就溜出了房间去赶航班回家，只留下了一张纸条："谢谢你带来的快乐……"

　　之后的几年是一段漫长而枯燥的路程，不时会发生几次糟糕的约会，她感到了压力。工作占据了她的生活，时间飞掠而过，而现在想有个孩子的希望看起来变得渺茫。她下定决心，认为时间已到。在她的下一个周期，她要让自己怀孕，不是与新欢，而是与旧爱。她一个人待在自己的公寓里，闭上眼睛，然后安静地坐着，给她的身体发了一个信号，体内子宫附近的存储管于是释放了少量的精子。40周之后，她成了母亲，而那个热情的夜晚的酒保成了父亲——尽管他可能永远都不会知道。

有一个私人的精子库会非常方便，这也是为什么几乎所有主要的脊椎动物，以及许多无脊椎动物都进化出了在生殖系统中储存精子的能力。从雌性的角度而言，精子存储意味着一个"女孩"可以今天与某人睡觉，然后在几年后让他成为孩子的父亲，但不需要与他再次发生关系。这种存储能力使性行为与受精时间分开。这个强大的机制允许雌性控制怀孕的时机。从鲨鱼到海龟、海鸟、章鱼和螃蟹都有这样的机制。

这种时机上的分离带来了便利。比如，对雌性排卵时间固定的物种，存储的精子可以让雌性在任何时间交配，只要机会来了，就可以在卵子成熟时再使用那些精子。同样地，在雄性和雌性大部分时间分离的物种当中，私人精子库意味着，当附近出现有魅力的雄性时，雌性可以与之交配，然后当幼体的培育条件达到最佳时，再让卵子进行受精。

这个技术对长时间排卵的雌性也特别有用，比如鸟类。鸟类每个卵子都是单独发育，一个接着一个，而且有一个短暂的窗口期（甚至会只有15分钟那么短），这个时候才可以发生受精。准备好精子对确保所有卵子都受精是有必要的。这个策略也会被雌性玳瑁（hawksbill）使用，它们在交配季节开始时交配一次，然后在超过10个星期的产卵季节里，用那一剂精子来授精五批不同的卵子。假如这样，随着卵子的发育，精子存储不仅有助于分期受精，而且也可以让雌性避免重复交配——那会让雌性筋疲力尽，在某些情况下甚至是有害的。

行为生态学的专家蒂姆·伯克黑德（Tim Birkhead）在他的奇书《乱交》（Promiscuity）中提出，精子存储也"为雌性提供了一个改变主意的机会"。一个在交配后几乎立刻受精的雌性，在性交的时候就决定了谁是孩子他爸；但是如果出现了一个更有吸引力的雄性，能够存储精子的雌性可以选择丢弃或绕开之前来自一夜情的精子。在雌性有能力一次保存来自多个雄性精子的物种当中，精子存储的地方就会变成精子竞技场。这可能也会增加雌性繁殖的成功率，因为它提供了一个途径，筛选出最健康的精子。许多研究表明，这种神秘的雌性选择和（或者）精子竞争已经在昆虫中得到了实现，但是精子存储给海洋中雌性的成功繁殖还能带来诸多好处，包括帮助物种经受缺乏配偶的时光。

雌性点纹斑竹鲨（brownbanded bamboo shark）便是这样的一个例子，她独身了将近 4 年，之后产出了一个健康的幼体。她与两条同类的雌鲨在水族馆里隐居避世，水箱里唯一的雄性是一条爪哇牛鼻鲼——一个远亲而且高度不匹配的配偶。基因测试证明，她的后代就是鲨鱼，是一次幽会的结晶，而这次幽会必定发生在 45 个月之前。直到今天，这是所有鲨鱼中有记录的时间最长的储藏精子后成功受精的例子。许多鲨鱼可以储藏精子长达一年或两年，但是，最近这次发现提供的证据表明，在两次交配之间，鲨鱼可能有能力忍受更长的"干旱期"。这对种群衰退的鲨鱼来说是一根救命稻草，因为雌性体内储存的精子可能组成一个更加具有基因多样性的精子库，超过了当地种群所能提供的水平。

种群中的基因多样性能让一些个体自然地抵抗一定的疾病，或者对变暖的气候有更强的忍耐力，或者更能适应食物供应的变化。种群的基因多样性越高，物种克服自然和人类共同产生的威胁的概率就越大。

这也让我开始考虑雌性储存精子这件事最奇怪的一个附加作用：这可以是一种为过世的雄性留下后代的方式。这在寿命很短的物种中更有可能发生，比如孔雀鱼，雌性寿命有一年多，但是雄性只有几个月。实际上，在一些体内受精的淡水小鱼里，实验发现雌性生殖系统内的精子有的来自活着的雄性，有的则来自两代之前的雄性，即它们原来的生产者很早就已经死亡了。在这种生者和死者的精子竞争中，同时存在时"鬼"精子胜出的概率高25%。这刚好证明了"溪水中的性生活"可以算得上是超自然现象。利用原先库存的和新的精子增加鱼类基因池里的多样性，这可能有助于后代在新的或者变化的环境里获得更大的生存概率。

有些许不幸的是，哺乳动物中精子存储的时长只有几个小时或几天以内，可能因为我们的体内温度太高，不适合精子生存。所以，有些雌性哺乳动物进化出了不同的策略。而且虽然这个策略不依靠死者的精子，但是它也涉及一种类似超自然的状态，被称为假死。

雌性象海豹每年都会运用这种策略。花了一个月时间在沙滩上照顾从她们身上吸取营养的幼体，成年雌性掉了1/3的体重，已经接近饿死的状态。这个时候怀孕不是一个好的时机。不过，像之前提到的，这段简短的海滩插曲是唯一有雄性在身旁的时光。因此，她们必须交配。尽管从技术上来说她们已经怀孕了，但是雌性在这种繁重的需求中找到了一个方法——她们延迟胚胎着床。在新受精的卵子分裂了几次之后，它进入一个发育停顿期——严格地叫作滞育——并直接漂浮在子宫里。经过大约3个月，在雌性有机会进食，把自己养胖之后，激素就可能激发胚胎与子宫融合，然后怀孕就继续进行。

谁是爸爸？交配之后的精子筛选

　　除了存储功能，雌性还有其他方式控制精子的命运。有时，给中意的配偶一点额外的"温柔的爱"就足够了。洄游到淡水溪流待一段时间，孔雀鱼在这里又给我们提供了一个有趣的例子。有一种孔雀鱼，雌性可以衡量身边雄性的魅力高低，然后据此控制雄性在她体内留下的精子。如果他到她身边的时候，她刚刚看见一个更鲜亮的雄性经过，他就可能被忽视；但是，如果相比之下附近其他雄性看上去显得灰头土脸，雌性可能会允许相对鲜亮的雄性卸掉大量的"存货"。

　　现在还不确定的是，雌性是否拒绝了较不满意的雄性精子才得到更多的精子供应；或者，它们是否通过其他手段鼓励更多的受精，比如延长交配时间。无论是什么样的机制，同一个雄性可能会发现自己某一天被拒绝了，而下一次却被接纳了，这要根据他与其他对手比起来如何。

　　在其他物种当中，精子筛选归根结底更多地呈现出"按照顺序一个一个来"的原则。尽管这个不能跟储存精子提供一样多的选择性，雌性依旧可以利用这个特点得到很大的好处：控制哪个雄性先交配，以此保证后代的基因前途。派对中迟来的雄性会错过成为父亲的机会——这意味着雌性不用担心与他们发生关系。这种漠然被证明是非常有利的。

　　没有一个雌性想把她的繁殖能量浪费在和次优雄性产生的后代身上。另外，交配本身也可能是危险的：性交可能带来的伤害，和雄性相比，雌性承受得更多（还记得那些长倒钩的阴茎吗？）。如果，她要冒风险进行粗暴的性生活，那最好是值得的。雌性绿海龟至少有两个绝妙的技巧来阻止过于心急或没有看上的异性：突然冲向陆地，这可以快速地促使雄性放弃。或者雌龟会采取一种拒绝的态势，这种情形下，雌性垂直地悬浮在水层中，脚蹼伸出来摆出铁十字的姿势，她的胸甲——或者腹部——面对着雄性。这相当于某些女人摇晃着锋利的指甲柳眉倒竖，好像在说："别过来，想都不要想。"研究海龟交配的研究生很熟悉这种拒绝的姿势，因为在野外的时候，他们需要不断观察这些研究对象。不过，阻止一个固执的好色雄性的求爱并不容易，尤其是对鲨鱼和象海豹而言。

总之，雌性在对象不合意的时候，会消耗巨大的能量去避开强迫的交配。但是，如果一个雌性能确保受精不会发生，那么求爱者合不合适都没有关系，她能或多或少地在交配中表现出合作的姿态，这降低了为避免交配而产生的负担。

也许，只是也许，这就是大自然最离奇，而且确实是最可怕的繁殖策略背后的驱动因素。这也发生在雌性锥齿鲨（sand tiger shark，又名沙虎鲨）身上。

几年前，纽约州立大学石溪分校的德米安·查普曼博士（Dr. Demian Chapman）开始对这个物种产生兴趣：雌性独一无二的生殖生物学如何在雄性中推动激烈的精子竞争？这对物种的保护与管理又有什么意义？查普曼和我第一次相遇要追溯到1996年，当时我们与芝加哥菲尔德博物馆的凯文·费尔德海姆一起工作。凯文·费尔德海姆是研究员，那时正在巴哈马群岛给柠檬鲨做标记。自从那时起，查普曼坚持想成为卓越的鲨鱼生物学家。他的工作结合了遗传学和野外工作，以更好地理解鲨鱼生物学和生态学，特别是它们的交配系统。

全世界的鲨鱼正在经历着严重的衰退，主要是亚洲对于鱼翅的需求在不断增加，而这种需求推动了快速增长的非法鱼翅交易。但是，和"阴茎"那一章中提到的一样，衰退问题还涉及我们对鲨鱼交配系统缺乏基本的认识。

鲨鱼和鳐鱼的生殖策略在地球上来说是最为多样的。小型种类，比如猫鲨，在海底产卵，而更大型的鲨鱼，比如大白鲨，直接生出活的幼体。前面提到过，所有的鲨鱼都进行体内受精，那意味着每个周期雌性产出的后代数目相对有限，从几个到几十个。

然而雌性沙虎鲨最极端，每个季节只产两个幼体。如果一只雌性与多只雄性交配（到目前为止这种行为在许多鲨鱼中是相当常见的），那么雌性沙虎鲨的子宫就会变成古罗马的竞技场，是你可以想象到的最严酷的竞争场所。这可能就是为什么雄性沙虎鲨会产出大量的精液，数量多到被查普曼形容为"恶心"："在解剖时，大量的精液会从雄性鲨鱼中涌出，我的同事们在实验室的地板上不住地打滑。他们不得不穿上橡皮靴来工作。"

为了找出升级的精子竞争是否真正导致了精子的大量产出，查普曼求助的正是费尔德海姆开拓的亲子鉴定技术，以揭开到底有多少雄性可能亲近过雌性。在沙虎鲨的繁殖季节中，每个子宫通常在开始时怀着 8 ～ 10 个胚胎，但是与其他任何鲨鱼（或者我们已知的其他鲨鱼）不同，只有一个胚胎能从子宫中活着出生——而这一条幼鲨，它吃了其他所有幼鲨。

这被称为"adelphophagy"，它字面上的意思是"吃掉你的兄弟"，是子宫内同类相食的极端形式。在其他物种当中，发育中的胚胎在怀孕期以雌性生产的未受精的卵子为食。在虎鲨中，比这要可怕得多。

第一个胚胎发育后摆脱了它自己的卵囊，然后欢快地在子宫内游动。它长着巨大的眼睛以及发育良好的牙齿，看起来像某种从《异形》电影里出来的生物，当它开始行动后，这种形容看起来甚至更加合适。怀孕的雌性有时会被沙滩防护网捕到，通过解剖，查普曼发现在许多情况下，其他胚胎有着深深的咬痕，有的直接穿透了外壳。这说明占优势的胚胎似乎在采用一种"先杀，后吃"的同类相食方式——它咬穿它兄弟姐妹的外壳杀了它们，然后在之后的几个星期里饿了就吃。这确实是手足相残最极端的例子之一，因为查普曼发现一个胚胎的嘴巴里还有它兄弟的尾巴。

通过从母体和所有胚胎中采集 DNA 样品进行亲子鉴定，查普曼想确定每一窝有多少个父亲做出了贡献，以及这种情况下可能发生的精子间的竞争。就像其他鲨鱼一样，他发现了数个父亲的特征。不过，让人完全出乎意料的是，在近一半的母体中，两个最大的胚胎——就是会真正有可能来到世界的两个——来自同一个父亲。

这种情况发生的概率远超过了预期。一定还有其他东西在起作用，而查普曼猜测可能是这样的：

子宫里占有优势的胚胎的同类吞噬行为加剧了精子竞争，因为精子会争相为卵子授精，然后受精卵存活成为幼体。而且在一半时间里，胜利者只有一个——单个的雄性可以成为胜出的两个幼崽的父亲。这也有助于解释为什么雄性制造出巨量的精子——他们想淹没子宫，为尽量多的卵子授精。成为最早的胚胎可以给雄性带来最大的好处，因为那些胚胎最先孵化，然后突袭它们发育中的兄弟姐妹。

从雌性的角度来讲，这种繁殖策略可能有以下几大好处。首先，它允许雌性孕育两只体形巨大的幼体，大约 90 厘米长（成年雌性只有大约 2.5 米，正如查普曼所说，"这就像直接生了和你大腿一般高的孩子"）。极少有捕食者可能拿下一条 2.5 米长的鱼，因此这些幼崽有着很高的存活率。其次，对于最好的求爱者这种同类相食增大了他们成功的概率，只有他们才能当上幼崽的父亲。这些雄性要或者可以阻挡其他的雄性，就像你在水族馆里见到的；或者有着超越其他雄性的精子数量；或者能够成为有竞争力的超级胚胎的父亲。任何上述的"过滤器"都为雌性的利益做出了贡献。最后，可能对沙虎鲨来说，宽松的"先来后到"的策略可以让雌性接受迟来的爱，保证后代基因的质量。她也不必消耗能量躲避交配——迟来的雄性完全可以成为父亲，只不过孩子会成为她最先（和仅有的）生下来的两个后代的饲料。

在揭露神秘的深海捕猎者隐秘的性生活方面，亲子鉴定是强有力的工具。目前研究显示，和地球上绝大多数动物一样，多数鲨鱼至少有多个父系参与进来。在鲨鱼中运用亲子鉴定的先锋之一费尔德海姆发现，柠檬鲨拥有多重父系的比例非常高——几乎每一窝都有超过一个父亲。褐星鲨（brown smoothhound shark）和其他多种鲨鱼也是同样的状况。

不过，这个规则也会出现例外。双髻鲨有一个数量较小的种类叫窄头双髻鲨，在关于它的调查中查普曼发现大多数一窝只有一个雄性当爸爸。这尤其令人惊讶，众所周知，窄头双髻鲨有能力从先前的交配中储存精子，为日后雌性扩大后代的基因多样化提供可能性。在其他数量较少的鲨鱼种类中，最近也发现了类似的结果。研究人员还不知道是雄性用某种方式阻挡了对手的精子，还是雌性仅仅跟一个雄性交配，又或者是雌性在交配后会以某种方法选择精子。不管它们怎么做，潜在的高比例乱交和低比例的多重父系两者之间缺乏相关性，这种相关性的缺乏对管理有着重要意义。

在某些种类中，比如窄头双髻鲨和虎鲨，基于交配行为和种群规模，对整个种群的基因池做出贡献的雄性远比预估的少得多。这种较低水平的基因多样性使整个种群更加脆弱。

鲨鱼并不是唯一拥有恐怖电影般的生殖策略的海洋动物，为了证明这一点，我至少还可以举一个精子选择的极端例子，与恐怖片相比，这个更像心理惊悚片：海湾海龙（gulf pipefish）的故事。作为海马的近亲，海龙看起来天真可爱，长着一条直直的尾巴。雄性海龙下腹部也有一个体外育儿袋，在那里它们养育和保护发育中的胚胎。在海湾海龙中，这种育儿袋是透明的，因此有可能看到这个神秘区域中正在发生什么。而以下就是那里的故事：雄性海龙会牺牲自己的幼崽，为了今后有可能更好的一窝做准备。

在这个绝非一夫一妻制的物种当中，雄性海龙喜欢大的雌性，特别是那些比他们自己大的。他们愿意更快地参与交配，从大个儿的配偶中收到更多的卵子，而且与更大的雌性交配产生的后代会存活得更好。与小个儿雌性交配产生的胚胎就没有那么好了——最有可能是因为它们的爸爸不够用心，只发放了少量的营养物质。相反，他把营养留给了自己，节省开销，期待今后哺育一窝更大、更好的后代，把营养花在它们身上。这是一个残酷的策略，只服务于雄性的利益。

因为大个儿的雌性并不总能遇到，所以一个雄性不一定想错过与一个较小的雌性交配的机会——聊胜于无。但是，为了对冲他的赌注，雄性不会全力付出照顾整窝幼崽；相反，他利用一些雌性的生殖投资来中饱私囊，损害的则是她未来的血统。

性的邀约：3P 和高跟鞋的诱惑

虎鲨大量的精液可以让科学家在实验室的地板上滑倒，但是，真正的产精之王是北大西洋露脊鲸（North Atlantic right whale）。它们长着一对睾丸，单个就重达 1 吨，是地球上最大的家伙——比蓝鲸的 10 倍还要大，尽管露脊鲸体形比其小很多。从人类的角度来看，如果一个 80 千克的男人睾丸大得像露脊鲸一样，他两腿之间会有两个超过平均男性 50 倍的睾丸——几乎有 0.9 千克重。

这个硕大的睾丸意味着雄性在器官上一个重要的能量投资，而且暗示着可能会上演某些重要的精子竞争。借助在加拿大芬迪湾的观鲸行动，我们现在知道情况确实是这样。而且特别扭曲的是，雄性这种极端的竞争似乎起源于雌性的鼓励。

北大西洋露脊鲸是少数几种巨型鲸类之一，这提供了可以让我们这些地球表层居民一窥它们的性生活的机会——而且我们经常看到的不止一眼。在夏天的几个月里，这些极度濒危的鲸洄游到加拿大东海岸附近的沿海水域。

每到这时海面便沸腾起来，一群十几米长的庞然大物对长势旺盛的浮游生物大快朵颐。它们整天在水里嬉戏，雄性和雌性互相接近，碰撞推挤，下潜上浮，边走边搅动海水。

当它们不进食的时候，露脊鲸经常形成"表层活跃群组"（surface active groups）：经常由几个雄性围着一个单身的雌性所组成。美国国家海洋和大气管理局的克拉珀姆认为这个行为显然跟交配有关，即使是在雌性不大可能怀孕的仲夏。这些鲸看上去很享受这段美好的时光，无论在什么季节。

与座头鲸不一样，雄性在这些表层活跃群体中非常温柔。偶尔，在群体龙腾虎跃的时候，雌性浮上水面，然后背朝下，向天空露出她宽宽的腹部。有些科学家认为，这是一个"回避"动作，雌性的意思是阻止雄性不要试着来性交。但是，克拉珀姆持不同看法。他认为这个姿势与拒绝完全相反，很有可能是对旁边雄性的一个邀请，让他在这种情况下好好利用他弯曲的、极长的阴茎。

一个雄性翻滚到她的一侧，很容易地拱起了它那两米多长的阴茎，变成了一个巨大弓形，然后向上进入雌性。因为她的身体有两侧，所以雄性进入她的身体时有两个备选位置。或者，像克拉珀姆所见，她的姿势也允许第二个雄性一起交欢。

"那是平常的一天，我们在外面为鲸打上标签，然后有人喊了一声'阴茎'，这玩意儿有时会出现。但是之后，另一个人也喊道：'我的天哪，还有另一个！'于是我转身去看。这看起来像一部色情电影。"

雌性被动的姿态和露脊鲸阴茎能达到的范围使世界上已知的最大 3P 成为可能。如果在尺寸上堪比金色拱门的巨大并排的阴茎弓印象不够令人深刻的话，请记住它们是鲸——它们呼吸空气。因此，当这种双重插入发生时，参与者全程都屏着呼吸。

同时发生的精子竞争解释了为什么大量的精液对雄性露脊鲸有利：由于要在同一时间与另一个雄性一起发射，他们必须释放一股精液的洪流。洪流越大，冲走及淹没另一个雄性的精子的概率就越大。至于雌性，引发如此极端的竞争可能是检验的方式之一，看看哪个雄性有最强壮、最健康的精子。

雌性象海豹可能也会发出性邀请，但是要在迥然不同的环境下。在给她的幼崽断奶之后，一个雌性象海豹需要回到海里。她在后宫中的住所距离水边可能只有 30 米远，但这段沙滩之路上活跃着几群极其不满足的次级雄性。由于整个季节都被冷落，他们简直是一堵活的欲望之墙，这堵墙是一个危险的障碍。特别是在她们产后筋疲力尽的情况下，雌性完全不能挡开三十来个雄性。即使小个子雄性也比雌性重几百斤。当她在向海里的路上拖着脚前进时，雌性有一种选择：她可以抵抗拥上来的雄性，往他们脸上弹起沙子，或者左右摇动她的后脚蹼防止雄性爬上去。这样的抵抗是危险的。雄性为了征服抵抗的雌性，通常会对准其后脖子咬下去，这里恰好有一条主动脉——这条主动脉在瘦骨嶙峋的雌性身上将会更加暴露，这些巨大的雄性也会重重地砸在雌性的背上企图更好地增加交配的机会。由于这些没有地位的雄性要为散播自己的种子做最后的努力，因此雌性承受了巨大的伤害，甚至可能死亡。

或者，雌性也可以勉强同意，当雄性接近时，她静静地躺着，甚至邀请群里领头的先来。摊开后面的脚蹼，然后非常轻微地向上拱起她的尾骨，这是动物王国里最常见的"勾引"信号：臀部向上翘起像脊柱前凸一样。顺便说一下，一双漂亮的高跟鞋同样可以赋予翘起的臀部，那可能也是我们认为高跟鞋如此性感的原因。

这些雄性当然一路冲了上来。群中最大的雄性将摆脱其他雄性，只有他能爬到雌性上面。作为回报，他经常会在剩下的去海边的路上护送雌性。也许只是在她入海溜走之前，想与她多交配几次。雌性以性交换取安全，而且真的怀上这个次级雄性的孩子的风险是非常小的——之前在发情的鼎盛期已经与真正的老大交配过，因此与其他的雄性受精的概率已经非常低了。我们难以确定，这些雄性是否知道他们的行为是徒劳的。

侏儒和女王：雄性成为雌性的性奴

对于某些雌性，操纵精子筛选还不够，这些雌性施虐狂主宰着所有雄性的命运，不仅仅是他们的精子。

在深海漆黑的水体中，一条雄性角鮟鱇鱼（ceratioid anglerfish）巡游在冷冷的黑暗中，希望能找到一个雌性并用牙齿咬入她的身体。和吸血鬼德古拉一样，他依靠敏锐的嗅觉来追踪她的芳香。这个年轻的雄性天生就没有为自己取食的能力，找到一个配偶是生命中的大事，接着就是死亡。他只能依靠孵化他的卵子里的能量存活，在他精力消耗完之前，他必须找到一个成熟的雌性。她是他以及他的后代生存的关键。

如果一切进展顺利，随着它们之间的距离缩小，他最终会辨认出她笨重、朦胧的身影。她赫然耸立，可能超过他体形的 10 倍，不过他并不害怕。相反，他一个冲刺咬住了她的肉肉、圆圆的肚子。但是，在水中无尽的黑夜里，被奴役的正是那吸血鬼，而不是受害者。在接触她的肉体之后，雄性的下颚骨会分解，嘴开始融化。就像陷入流沙一样，他的鼻子溶解，同时他的组织也与她的融合到一起。雌性和雄性的血管开始缠绕。他再也看不见了，而且几乎也不能呼吸，她的肉深入到了他的喉咙。它们的循环系统融合了，而且他曾经拥有的本来就不多的组织开始崩坏，只有一处除外：他快速发育并完全成形的精巢。随着他的头牢牢地嵌入到了她的肉体——也许是受到雌性释放的化学物质的暗示——他开始引导他几乎所有的能量去建设几个相当大的精子工厂。最后，这个曾经独立的个体所剩无几，只留下一个精囊。

如果他是第一个紧紧抓住这个雌性的雄性，那么有可能他永久的融入会激发雌性排卵，排卵是一个消耗能量的运动，她会尽力避免，直到她知道"有需要的时候"，身边的精子唾手可得。而且，我强调是有需要的时候。在一篇关于这种非同寻常的交配系统的早期论文中是如此描述的："妻子和丈夫的结合是如此完美以至于可以肯定，它们的生殖腺是同时成熟的。可以认为雌性可能有能力控制雄性精液的排放且保证其在合适的时间为她的卵子授精，那也许并不是幻想。"

换言之，她可能可以控制他什么时候射精。雄性没有留下任何东西，只有他的尾端突出着，就像长在他情人肚子附近的一颗疣。雄性鮟鱇可能无法最大限度地表现出男子气概；但是，通过成为雌性的一个永久固定装置，他就有机会产生许多后代，而且是在寻偶概率非常低的环境中。

在机会更容易转瞬即逝的情况下，可能会发生更极端的融入和雌性接管的方式。接下来我们看看食骨蠕虫（*Osedax*），它是一种深海蠕虫，成年雌性会诱捕幼虫并把它们变成性奴隶。

回到 2003 年，格雷格·劳斯博士（Dr.Greg Rouse），现在是美国斯克利普斯海洋研究所的教授，联合鲍勃·威利约胡克（Bob Vrijenhoek）和一队来自蒙特雷湾水族馆研究所的研究人员，运用一个深海潜水器去探测加利福尼亚附近蒙特雷湾的海底。在大约距离海面 3000 米的地方，他们扫描到一副死去的鲸骨架，还注意到许多骨头上面覆盖着鲜红的细毛。之后更近距离的观察和一些样品揭示了这种苔状的包衣是一种柔软的羽状物，它的主人不仅仅是一个新的物种，更属于一个全新的属——相当于在已知的大型猫科动物之外，发现了一种全新的老虎、狮子或美洲豹。

拉丁文中"*os*"表示骨头，而"*edax*"表示吞食，*Osedax*（食骨蠕虫），没有比这更简单的定义了。今天，劳斯和同事们已经鉴别出超过 20 个不同的物种，它们是来自加利福尼亚近海的奇怪食腐者，而且在其他海洋中也有发现，无论是来自最深的峡谷还是最浅的海岸，坦率地讲，它们过着犹如《阴阳魔界》（*Twilight Zone*）的生活。

如果要写《食骨蠕虫编年史》，第一章我想以描写这些蠕虫离奇的生物学为开篇。它们没有嘴和内脏，所以它们不会吃。相反，成体采用了一种植物学范畴的方式，它们生长出类似根的组织，带着球根似的末端，伸入到海底死去的哺乳动物腐烂的骨头中。根溶解了骨头坚硬的部分，然后剩下的蛋白质和脂肪通过皮肤给根里的共生菌，共生菌可以尽情享受这种流质食物。然后，蠕虫再吃这些细菌当午餐。更奇怪的是，这些根是从卵囊附近长出来的——这就仿佛在输卵管旁边长出了食物工厂网络。

在着手破解这些以根为生的动物之谜时，劳斯在食骨蠕虫身上遇到另一件古怪的事：雄性不见了。这尤其令人迷惑，同时在雌性体内，劳斯可以看到成千上万的点——雌性体内简直塞满了精子。至少在他看来是这样。

第一次探险结束几个月以后，在高倍显微镜下解剖雌性时，劳斯注意到这些精子有些古怪：它们都处于不同的发育阶段。当雄性射精时，精子都是成熟的，已经准备好去"摇摆"了。让没有发育成熟的精子待在雌性体内没有任何意义。这时，他才恍然大悟。

那些点不是雄性的精子而是雄性本身。

我和劳斯聊到这个时，他停了一下，然后补充道："退一万步来说，这也是令人震惊的。"把雄性误当作精子可不常见。还有，一个没有内脏的雌性用尽一生的时间通过她卵巢附近萌发出来的根来消化鲸的骨头，同时收集仅有她十万分之一大的雄性作为后宫的物种也不常见。食骨蠕虫显著的雌雄异形（雌性和雄性存在巨大差别）可能是动物王国里已知最大的。

在当前的理论里，一头鲸死亡并最终沉到海底后，第一批到达的食骨蠕虫幼体发育成雌性，把根渗入到骨头中，快速生长，然后产出大量卵脂丰富的卵子。后来的蠕虫落到雌性覆盖的骨头上，再转化成雄性，他们滑进雌性的管子中，固定在旁边，然后开始迅速产生精子。早到的雌性通过某种化学信息素可以支配晚到的幼体命运，这种由环境控制的性别决定机制存在于其他深海蠕虫中，并且也在食骨蠕虫身上起作用。

变成雄性的触发因子阻止了所有成体特征的发育，除了精巢——这对坏小子完全长成后，可以通过一根长长的性腺管泵出精子。这根性腺管从尾部一直延伸，从头上突出的一个小孔出来。雄性食骨蠕虫基本上是长着巨大精巢的幼体，能够把精液从头上射出来。这也就是说食骨蠕虫像鮟鱇和螠虫（spoonworm）一样，成了更加独特的矮小的雄性稚态（雄性看起来像幼体，但是有成熟繁殖器官）俱乐部的一分子。

考虑到雄性住在雌性的管子里，这种安排运作得很好。他们以幼体中的卵黄囊为食度过他们的一生，然后排出精子。精子会朝下方游去直到产卵的地方。雄性用光了卵黄后就死了。因此，一个雌性在她一生中，必须持续收集更多的雄性。随着她长大变老，她积累的后宫佳丽高达数百个，直到最后食物（鲸骨头）消耗殆尽。

作为分解的行家，所有食骨蠕虫似乎都专攻骨头，它们全依靠这种短暂的及不可预测的食物来源——正是如此，导致了雌性和雄性的这种关系。缺乏食物时，矮小雄性的生活方式可能是有利的。大型的雌性需要产出更多的卵，但是她们也垄断了资源。雄性通过缩小成为微小的精子工厂而住进雌性体内，但仍旧可以排出大量精子，没必要为食物去竞争。

新的研究每隔几个月就会有发现，阐明了这些复杂而且奇怪的食腐动物的另外一面——还有其他一些甚至更奇怪的动物。在另外一种蠕虫当中，好转虫属的圆毛好转虫（*Dinophilus gyrociliatus*），雄性的命运甚至更加受限。雌性在卵囊中产出两种卵，大的和小的。大点的卵发育成雌性，小点的发育成雄性。雄性还在卵囊里的时候就与他们的姐妹交配，之后马上死掉，从没离开过家。雌性破茧而出并继续活下去，产出她们的受精卵。

终极内室

雌性选择的重要性和这种选择的普遍性不能被低估。随着研究的深入，科学家们发现了越来越多雌性对繁殖命运行使支配权的证据。

有一个物种将雌性选择的角色带到了全新的层级，并且证明了这种选择的力量是多么深奥（和神秘）。这种不可思议的识别模式来自一群没有真正的大脑或者多数身体器官的动物。

这是栉水母（comb jelly）。栉水母是小型的捕食者，以浮游生物为食，有八排梳状的纤毛，可以摆动以便行走。这些水母多数是透明的，经常呈现彩虹色，创造出一条条脉动的彩虹之光，在身边泛出涟漪。

在多数情况下，多个精子穿透卵子（这种情况称为多精入卵）对卵子而言是致命的。事实上，这是卵子极力要阻止的情况。但是，瓜水母就不会发生这种情况。相反，几个精子一路摇摆着进入卵子的外表面，接着再到中心区域。这是雌性原核——卵子的核心——开始行动的时候。有时，它会直线直接冲向其中一个精子；其余的时候，它会慢慢地在卵子里行动，检查每个经过的精子。它可能会找到一个自己喜欢的，然后立即融合，或者它可能检查完所有的精子，然后回到先前的一个作为它最后的选择。提醒一下，整个卵子只是一个细胞——所以，这个正在寻找和挑选的原核是一个细胞器，是细胞的一部分。这就好像你的肝脏在为你挑选下一个约会对象。

研究人员仍旧不知道是什么因素有助于选择过程，或者精子是否来自一个或者多个雄性。我们知道的是，雌性选择是在动物生命之树最早的分支之一内进行的，这个层面的结合比精卵结合更亲密：一切都发生在卵子自身内部。

　　不过，在所有的内室中，最令人印象深刻的也许并不是选择精子或雄性的行为，而是将它们彻底放弃的行为。我们接下来讲讲单性生殖，这是一种在海里依然盛行的方式。

　　已知这种兼性的单性生殖，是一种特殊的无性（不需要配偶）繁殖的方式。这有别于其他没有雄性的性交方式，那种没有雄性的是正常有性繁殖选择性的（并非强制性的）替代方式，即创造出的后代在基因上与它们的母亲和兄弟姐妹都是不同的。而这种方式可以和克隆相比，在此情况下个体可以萌出它们自己的基因复制品——又称克隆体——作为一种增加群落规模或者种群数量的方式。

　　我们认识到爬行动物和鱼类存在这种单性生殖已经有几十年了，在2007年，研究人员突然发现鲨鱼也有这种情况，当时查普曼和同事们对一条窄头双髻鲨进行测试，它由一条圈养的雌性所生，这条雌鲨跟自己同种的雄性分开了3年多。但是这次，没有缺席的精子捐献者——相反，这个雌性生下自己的幼崽，其中不含任何雄性的DNA。就在同一年，查普曼也找到了黑边鳍真鲨（blacktip shark）单性生殖的证据，这条鲨鱼已经圈养了9年，与其他任何黑边鳍真鲨都呈隔离状态。当这条黑边鳍真鲨死了的时候，她有一个快临产的胚胎在体内，可以证明是单性生殖（几乎要出生了）。之后，豹纹鲨（zebra shark）和条纹斑竹鲨（whitespotted bamboo shark）也被加入了单性生殖名单。

　　从小型的、卵生的、底栖的种类到大型的漫游在海中的胎生真鲨，鲨鱼不用配偶的帮助就能繁殖的多样性，也说明这个能力可能也是很普遍的。但是直到最近，鲨鱼所有的单性生殖的证据都来自水族馆（有一个来自迪拜的豪华酒店……不用惊讶，这个城市能提供室内滑雪的雪山，有宾馆可以让鲨鱼进行单性生殖也正常），但是我们还不知道雌性鲨鱼是否在野外也会使用这一策略，因为需要同时取得母体和幼体的 DNA 样本，这几乎是不可能达到的。雌性鲨鱼可不是"与孩子一起待在家里"的那种母亲，而更像是"生在哪里，丢在哪里"的母亲，这使得同时实现母体和幼体的取样变得很困难。

迄今为止，费尔德海姆、查普曼和同事们发展出了一种基于基因技术的新工具。它能鉴定在自然界中的单性生殖。到目前为止，他们的新工具已经证明了至少有一个物种把这个特性运用得很好：极其濒危的栉齿锯鳐（smalltooth sawfish）。

19 世纪，过度捕捞和红树林栖息地的丧失几乎使得栉齿锯鳐从之前广泛分布的大西洋消失。虽然它是一种鳐，但是锯鳐的鳍被认为是鱼翅汤最好的原料之一，在亚洲市场需求旺盛，它们排着牙齿的长喙已经成为一种流行的收藏项目了。科学家估计，自从 20 世纪 60 年代以来种群数下降了 95%。数量的急剧下降为单性生殖创造了条件，这种情况下单性生殖想必派得上用场。

自从 2004 年起，研究人员已经从 190 条锯鳐中取样、标记并放置到严格控制的条件下，为了更好地理解这个物种的繁殖方式。这仅仅是研究的一部分。吉姆·杰尔斯雷彻特博士（Dr. Jim Gelsleichter）领导了北佛罗里达大学的鲨鱼生物项目，正努力通过研究这个项目中收集到的血液样品的激素水平来理解物种的生殖周期。激素数量可以有助于证明一年中雄性产生精子的时间（睾酮水平高），与之相对，雌性何时可能产生配子或发育卵子（雌激素水平高）。不过，在某些鲨鱼中雌性有储存精子的能力，这意味着精子和卵子的制造并不总是同步的，因此确定雌性何时怀孕以及何时生产可能是比较棘手的。

杰尔斯雷彻特真正需要的是一个完整的锯鳐妊娠试验。尽管数度尝试，但他还是没有成功："这反映出了板鳃亚纲的动物调整它们的系统是如此之难。我不能仅仅使用在哺乳动物和鱼类中起作用的方法。鲨鱼有所不同。因此研究它们也很酷，但也非常难。"杰尔斯雷彻特只能测试一下手提超声波机器的功能，这台机器可以带到野外并用来扫描在取样季节抓住的雌性。

杰尔斯雷彻特指出："我看起来像一个带着包裹的驱魔人。我甚至还要戴着护目镜来减弱强光，这样我才能看到屏幕。"

当一条雌性锯鳐被抓住的时候，她被吊在船的旁边，这样杰尔斯雷彻特或者另一个研究团队成员可以趴在上面，然后在她的肚子上挥动探测棒来寻找幼崽。当一个雌性处于怀孕期的时候，看起来会很明显；有时候，研究人员甚至可以看到她怀着多少个幼崽。遗憾的是，这样的一台机器价格高达16 000美元，因此取样是有限的——这就是为什么妊娠试验依旧无法实现，由此也无法阐明这个物种的繁殖周期。

同时，查普曼和同事们运用这个项目中的DNA样本，成功鉴别了7个个体，都是雌性，都是单性生殖。其中5个是亲姐妹，而其他两个来自不同的母亲。这意味着至少有3个母亲使用了替代的繁殖策略，也许是可用配偶太少的结果。这意味着杰尔斯雷彻特通过超声波看到的某些幼崽可能是没有父亲的，要证明雌性和雄性什么时候可能进行交配，需要做出进一步的艰苦努力。因为有时候它们并不会交配。

随着持续的保护和关于国际贸易的禁令得到落实，单性生殖可能作为栉齿锯鳐的福利帮它们渡过难关。这种没有配偶而繁殖后代的能力在渔捕频率下降的时候，可以提供额外的个体以实现种群扩张。虽然单性生殖短期内可能是好的，但长远来看，依赖这种策略以求生存是有风险的。略过雄性会有相应的后果。

第一，相对于雄性和雌性性交产生的后代，单性生殖产出的个体降低了基因多样性，因为它们只从一个亲代那里获得基因。第二，来自单性生殖的后代几乎总是只有一种性别——无论哪一种性别都有两个一样的染色体。几代之后，偏移的性别比例和下降的基因多样性会对物种的生存产生消极的影响。纵观动物王国，这就是为什么每种动物，甚至那些可以无性生殖的动物，至少有时也会转向有性生殖，以便增加基因多样性。

归根结底，有性繁殖依然是物种多样性和物种生存的核心。对于哺乳动物而言，性交就是通过类似阴茎的器官和类似内室的阴道的结合，但从进化上来讲，这是一种相对新的方式。

很久以前，精子并不是通过细长的杆状物挤出去，然后游过弯弯曲曲的河道的。精子和卵子神奇的结合发生在身体之外。接下来，我们将探索各种各样的物种如何呈现体外受精这门古老的艺术，在这种情形下性就是发生在海洋里的。

搞定

第二部分：体外受精

在海洋中，性经常是一种体外经历。就像植物在风中散播花粉，绝大多数海洋物种并不进入对方或者释放它们的精子和卵子到对方身上，而是将它们排入打漩的海水中。真正的性——精子找到并融入卵子——是发生在这些游离的配子身上。

我们这种空气呼吸者无法选择这种体外受精。在陆地上，精子干得太快了，以至于这种自由的性细胞传播方式无法实现。在海洋中，情况就完全不一样了。在那里，精子可以漂浮着，沐浴在大量的盐水中，完全没有干枯的风险。但这也并不意味着生命对这些小小的"海员"而言是容易的。在广阔的海洋里找到一个只有用显微镜才能看见的卵子，不是一项简单的任务。体外的狂欢也有它的缺点。

雌性阴道为体内受精者提供了漏斗系统，在封闭的区域内给精液提供沟槽并促进它们的集中。当然，那里还有死胡同、旋转和拐角让其头晕目眩，足以让一个可怜的雄性阴茎和它的货物完全分不清东南西北，更不用说碰到致命的分泌物了。还有，就防御而言，雌性的身体在围堵精子时起到了巨大作用。为了代替这样一个封闭系统，体外受精者必须依赖各种不同的手法来应对广阔的水世界。

其中，首先是简单地泵出大量的精子和卵子。举个例子，海胆每次射精都会释放出百亿到千亿的精子。相对于男人平均每次可以射出几亿精子而言，要高出两个数量级。一玻璃杯海胆精液容纳了几乎万亿个游泳小健将。对于在海底爬行、看起来像针垫的海胆，这相当了得。而实际上，海洋无脊椎动物的精子数都非常高，以至于多数渔业科学家认为它们繁殖起来是无穷无尽的。他们认为那些精子和卵子一定会相遇并结合，然后造出成千上万的后代。不幸的是，这个假设忽略了密度——空间里所有动物彼此的距离——在决定受精成功方面的重要性。这种疏忽导致了无数物种的崩溃，从鲍鱼到海螺。结果证明大量的精子只是策略的一部分。此外，特定海域中的物种通过把精卵背起来聚集到一起从而缩小精子和卵子的距离。纵欲狂欢，被证明是海中极为成功的性策略。

第六章

海中狂欢

大家一起上

性海二三事

- 许多爱好狂欢的鱼类喜欢在太阳落山的时候参加派对。
- 海洋狂欢的时间是如此准确，它们可以提前一年被预测。
- 银汉鱼会在狂欢中增加一点海滩沙子捆绑戏码。
- 马蹄蟹（鲎）的蓝色血液对人来说是可以救命的东西。

性海背景乐

1.《我要去瑟夫城》——海滩男孩（简和迪安作词）
"Surf City"—The Beach Boys (lyrics by Jan & Dean)

2.《让我们谈谈性》——盐与胡椒
"let's talk about sex"— Salt-N-Pepa

3.《3P》——克罗斯比、斯蒂尔和纳什
"Triad"—Crosby, Stills, and Nash

真正的一夫一妻制是极少的。它是如此之少以至于成了生物中最不正常的行为之一。

——引自塔蒂阿娜博士为《性别战争》一书撰写的前言
(Dr. Tatiana', Sex Advice to All Creation)

对于大多数人来说，性是一种一对一的事。对许多深水动物却不是这样的。少到几个个体，多至成千上万个近邻，海洋中的狂欢是大量繁殖的有效手段。组织这样的群体活动并没有那么容易。得让每个个体都在同一地点、同一时间到达，还要精心打扮涂脂抹粉，为性交做准备——简直是后勤的噩梦啊。不过，海洋中的物种依然能够通过一些出色的，有时甚至是极端的动作来达到性同步。

举个例子吧，下文里那些大胆的鱼在混乱中增加一点窒息和海滩沙子捆绑，将这种同步的狂欢推向了极致。

银汉鱼的五十度灰

她的皮肤在月光下闪闪发光，犹如一道银色的光芒划过黑暗的沙滩。她知道他想要她。她可以看见他不顾一切地从人群中杀出一条血路奔向她。她把自己放在完美的位置上，她知道她被束缚的身体和拘谨地卧倒在沙滩里的姿态会让他以及他们所有人在兴奋中颤抖。他第一个接触到她，狂热地在她身边卷曲着自己。其他人也很快加入，形成了一个半圆形的圈子。

这就是她来这里的目的——也是他们所有人来的目的。

她努力地绷紧，因为太近，所有的身体挤压着她，但是，她身边包围着越多扭动着的强壮、光滑的身体，她就越兴奋。

沿着沙滩几千米范围内，成千上万的银汉鱼姐妹高兴地沉浸在同样的性爱拥抱中，但她们肺里的空气很快变得稀薄。这是一场危险的舞会，同时，这种危险刺激了她们的欲望。

正在她认为她再也受不了，缺氧使她头晕目眩的时候，她感到他们紧密的包围松开了，他们想把她紧抓不放的欲望消失了，那一刻，他们卸下了存货。他们放手真的很快，掉头就跑，消失在夜幕中。

她用力扭动，试图把自己从沙子的包裹中解放出来，这时不是为了引诱而是为了脱险。她喘着气，最后绝望地一推，拨开泥沙坟墓得到了自由，并且迅速前往水边。在那里，她滑入凉凉的水中——她出生的地方，然后，让大海把她带回安全之地。

她的求婚者早就走了，她不可能知道他们的名字，永远不会认识他们，因为他们被黑夜的阴影遮住了脸。但是，回头看看沙滩那边，他们的 DNA 安全地裹在数以千计的沙粒底下，与她的 DNA 相互融合。意识到这一切的她平静地游走了……直到月亮再次施展魔法，引诱他们又一次来到海岸之上。

如果鱼会写爱情小说，大多数令人浮想联翩的情节估计都会被加州银汉鱼（grunion）的故事承包。

海洋中最极端性行为之一有着这样一幕：成千上万的银汉鱼游到南加利福尼亚的沙滩上，成百上千的参观者并不太可能认识到他们看到的是自然界中最极端的施虐、受虐仪式之一——这些鱼上岸后不能呼吸，雌性还会进行令人难忘又危险的自我捆绑。游客们最多用手（唯一允许的方式）抓一点鱼，或者在惊叹中默默注视着一条扭曲的、搅动的水银之河紧抱着海岸。

每个春天和夏天，当月亮在盈满或是新出之时，这个强大的浪漫情人就会吸引这些细小的、雪茄长短的鱼群来到海边进行短暂的大规模搁浅。和许多其他海洋中的性行为一样，这种海边的狂欢会循环出现，大概与月亮的周期相吻合——但是在银汉鱼的例子中，相对于潮水，月亮并没有这么重要。

和任何有经验的冲浪者一样，银汉鱼知道好的冲浪依赖于波浪的时机。那就是为什么在上下起伏的美国西海岸，不同的银汉鱼群会调整它们性欲退去的时间，然后去迎合本地沙滩潮水的精确时间。在满月和新月时出现的最高潮位后，它们来到岸边待三四天，然后在产卵季节里每个月都会重复这件事。产卵的机会只有一到三个小时——在潮水下降30厘米后，奔跑就会停止，而且它们这晚就不会再上岸了。它们把交配和海洋的物理周期调整得如此准确，以至于它们的到来每年都可以提前预测到。

这种有规律的环境定时机制是一种特性，可以传给它们的受精卵。胚胎埋进沙里以后，在孵化前会等着提示：可能是海水的淹没和由上升的潮流引起的翻滚的综合作用。这样，鱼苗就可以进入可以自由游动的海里。尽管技术上它们10天后就准备好孵出来了，但是这些银汉鱼新兵可以将孵化推迟长达30天，直到受精卵得到足够的海水刺激。

但是，这些成鱼是如何知道什么时候潮水是合适的呢？是什么线索激发了它们摆脱水生动物的根源而突然前往陆地呢？很明显它们有一个体内的钟表帮助它们判断季节。有一个理论是，它们可以感觉到由高潮引起的压力变化，然后这日常光周期的变化相结合，帮助它们推算合适的窗口期。但是我们真的不知道这些怪异的小鱼如何精心安排这样一场精确的狂欢。

虽然通常是雄性发起冲锋，但是雌性导演了整出戏（有些行为真的是世界通用）。她熟练地弓起她闪亮的蓝绿色后背，猛推尾巴在泥泞的沙地里挖出一个洞，没到下面五六厘米深直到只露个头在外面。在这种高难度的姿势下，她证明了自己是一个性感的野兽，而雄性摇摇摆摆就过来了。

随着她把颗颗卵子放进沙质的地下，多达八个雄性缠绕在她露出的上半身周围。他们争相扑向这个"勺子"状的姿势不是要把她拉出来，而是要用她的滑溜的一面作为他们精子的滑梯。然后雄性突然径自离去，留下雌性孤零零地埋在这恶心的地方，被精液覆盖着。骑士精神早就死了，她只得把自己从沙里挖出来，然后赶上下一次高潮回到海里。上面这个过程不到一分钟，尽管一次产卵洄游可能会持续几个小时，尽管这个晚上会有成千上万的鱼拍打着身体上岸。

埋起来的卵子封闭在沙里并且充分地被精子覆盖，这多亏了雄性，他们几乎直接把精子放在上面，使银汉鱼成功地克服了障碍，让微小的配子在巨大的海洋中结合起来。这是一种成功的策略……只要有一个沙滩让它们上去就行了。

沿海开发和上升的海平面正挤压着所有在海岸沙地上交配的物种。银汉鱼只是其中之一。比较有名的还有拖着她们沉重的身体到陆地上产卵的雌海龟，还有为了一点点嬉闹和繁殖来到沙滩上的海洋哺乳动物（海豹和海狮）。

今天，这些动物要与人类进行竞争，因为世界上约70亿人现在有一半住在海边。从昂贵的度假胜地到棚屋区和城市贫民窟，陆、海交接的空间变得越来越拥挤。在美国，沿海郡县的每平方千米住着150多人。离岸更远一点的地方，平均密度是沿海的1/4。

不仅如此，更多的人还在搬进来——沙滩正在往外推。侵蚀增长很明显，部分是由于上升的海平面和大风暴——全球气候改变的结果。此外，海堤和防波堤完全改变了沿岸沙滩上自然的潮涨潮落，改变了自然的沙滩补给。不幸的是，我们努力去堆积的沙滩经常形成了不合理的地势，由于沙滩的坡度太陡，海洋生物无法爬上来或者无法筑巢。

为了保持银汉鱼继续狂欢，人们正在采取行动。但是所有喜欢在边界交配的物种要想成功繁殖，要依赖于全球方面的行动，包括气候改善和更加全面的海岸管理。

好色的鲎部落

忘记在木板桥下亲热的少男少女吧——泽西海岸真正的性聚会每年夏天都会在水边发生。在那里成千上万好色的马蹄蟹 [horseshoe crab，中文名鲎（音"后"），节肢动物，地球上最古老的动物之一] 用它们头盔状的脑袋踏浪而行，进入海面和海底斜坡之间的浅滩边缘。尽管沿着大西洋中部种群数量不断增加，但是马蹄蟹还是为了交配来到整个东部沿海和墨西哥湾的岸边，从墨西哥尤卡坦半岛一直到缅因州。走了几千米到几十千米，先来的雄性为了即将到来的雌性在水边巡逻，用到了他们四只眼睛里的两只。沙质的浅滩成了一个移动的圆石场，在这里雌性必须挤出一条她自己的路从而穿过沙滩。到了那里，她会挖一个浅浅的窝并产下她的卵。

但是在她到达目的地之前，她必须疏通由饥渴的雄性组成的这条防线。他们每个都准备着钩状的爪子特地用来抓住或者锁住她的外壳。等到她到达海边，会有五六个雄性爬上她的背，然后附着在上面。那些没有直接抓住她的即使跳到其他抓牢的雄性背上也很满意。这些小小的链条由不顾一切的求婚者组成，一直拖在她的后面，跟随着她一起寻找一个合适的产卵地点。直到他们得到机会为最近产出的一批卵授精之后，他们才会放手。

当她最终准备好了的时候（或者只是因为超重的"行李"走累了），雌性会在沙里挖一个小坑，然后产下几千枚卵。一个雌性大约总共怀着十万枚绿色的卵。然后，她向前爬十几厘米再产另一窝。雄性紧紧跟着，在她走开后用精液盖住黏黏的卵子。她挖的坑和极浅的水有助于防止卵子被冲得太远。这种条件，再加上搭乘的男友即刻地喷洒精子，会有助于提高受精率。多个雄性对水坑做出贡献，她的卵子也就获得了更高的基因多样性。因为她不能选择让哪个雄性跳上她的背，有多个精子来源增加了受精概率，至少有一个基因是合适的。这种保险策略可能就是为什么要拖着那些多余的雄性到沙滩上的原因。

虽然有诸多好处，但是拖着那么多雄性在身后真是一个负担。而且，这个交配策略还可能导致更大的风险。如果选择的沙滩碎浪太强，精子和卵子会被卷走；在岸上走得太远，雄性和雌性会成为海鸥的马蹄蟹肉干；当然，还有密集的鸟嘴正等着叼走那些新鲜、美味、多脂的卵子。浅滩繁育可能有助于降低海面之下的捕食风险，却有利于天上的攻击。不过，每个雌性有数以万计的卵，而且每个沙滩有数以千计的雌性，这一策略在马蹄蟹悠久的历史中还是非常奏效的。

得以在大灭绝和大陆漂移中幸存，马蹄蟹凭借的是在恐龙时代就找到了的合适的繁殖沙滩。马蹄蟹跟蝎子和已经灭绝的三叶虫的关系要比螃蟹更近，它们与4亿年之前的化石祖先看起来一样。可能它们繁殖也跟它们的祖先一样。可以算是家族传统。

尽管它们是经历风雨的幸存者，但是它们从来不曾面对过像人类这么残酷的捕猎者。多数人并不吃马蹄蟹，不过，爱冒险的美食家会消费它们的卵。他们愿意承担这种鱼子的风险：马蹄蟹卵含有与河豚一样的神经毒素，可能导致食用者命丧黄泉。在西方，人们倾向于用马蹄蟹作为饵料来捕捉其他物种，或者我们吸取它们的血液——然后用其来制造更安全、更干净的药物和医疗器材，这使吸血鬼德古拉也望尘莫及。如果你曾经打过疫苗，或者做过髋关节置换，或者其他体内修复，而且没有被致命的细菌感染击倒，那么要谢谢马蹄蟹。它们灰蓝色的血液是一个奇迹，不只是因为它的颜色，更是因为它是最有效的污染检测系统，我们可以用来测试医疗器材和血清。它们的血液具有对任何微量细菌的超敏感性，感应浓度可以低到万亿分之一，是我们用来测试婴儿食品或者假肢是否受到污染的重要工具。在有这类测试之前，还没有能够保证注射和外科植入安全性的方法。

马蹄蟹的血液是如此重要，以至于现在相关企业每年要从大约 50 万活的样本中抽取血液。这种操作看起来像来自外星人绑架电影中的一个场景：一排排马蹄蟹，弯成完美的屈体姿势，长长的管子将泵出的鲜蓝色的液体导入无数的广口瓶中，同时戴着口罩的实验室技术人员徘徊在旁边用写字板做记录。

和所有优秀的血库一样，这些操作能够使得捐献者活着回到它们的环境中——也许有一点点虚弱，但是仍旧可以游动，有 10% ~ 30% 的捐献者挺不过来。那些幸存者花一点时间就能复原。打比方的话就是吸取你 1/3 的血液，你仍旧能恢复。最近的一个研究发现，失血的雌性放回海里之后活性减弱。科学家推测这个结果可能会影响这些妈妈回到海岸上产卵的频率，而且可能是近年来种群衰落的原因之一。

然后，想象一下如果你是一只马蹄蟹，会有什么样的挫折：在不断上升的沙地斜坡上，用那细细的腿走上几千米之后，你最后到达了沙滩，找到并抓住了一个雌性，几天来你用所有的力量坚持不放，然后就在你要播种你的种子之前，一些疯狂的用两条腿走路的吸血鬼用一根针刺中了你，抽你的血，然后把你丢回沙滩，让你外形略显委顿。真令人扫兴。

美国东部有一个合法的捕马蹄蟹的渔场，他们捕获马蹄蟹后用作鳗鱼和海螺的诱饵。每年捕获的马蹄蟹的数量多达几十万。不幸的是，过去他们不只是捕获成体作为早餐——怀孕的雌性是鳗鱼和海螺的最爱。因此许多马蹄蟹卵成为首选的饵料被吃掉了，这一偏好冲击了马蹄蟹种群的稳定。

马蹄蟹的过度捕捞，无论是合法还是非法，导致世界范围内种群的大衰退，现在的数量只有过去的10%～15%。马蹄蟹生长缓慢而且要9～10年它们才有可能繁殖——或者从衰退中恢复。即使捕捞停止，马蹄蟹也要几十年才能弥补已经下降了约90%的种群规模。

种群中这种急剧的损失影响的不只是我们的医疗需求，覆盖在沙滩海岸上的数百万马蹄蟹卵为迁徙的鸟类提供了急需的食物来源，比如红腹滨鹬（red knot）。东部海岸对这些飞行者而言是一个休息站，从南美洲南部的顶端到它们北极的繁殖地，是一段超过14 000千米的迁徙路程。它们在继续它们的旅途之前，需要依靠巨量的马蹄蟹卵来补充能量。由于马蹄蟹数量骤降，海鸟的种群也下降了。

为保护和提高马蹄蟹的数量所做的努力正在进行当中。这里包括替代饵料源的实验和在实验室中培养马蹄蟹作为工业和恢复性补充。研究人员也已经在以人工合成为基础的细菌感应器方面取得了进步，以替代对马蹄蟹血的需求。一些具体方案——比如海滩保护——也可以帮助所有在沙滩上交配的物种，包括银汉鱼。

某些地区为了保护马蹄蟹施行限制捕捞，导致需求（和价格）反而上升了，刺激了非法的捕捞行为。而且可能没有什么比偷猎缓慢移动的大螃蟹更简单了，更何况它们不会夹人还扎堆在浅滩里交配。马蹄蟹的命运真是脆弱。偷猎者数量不断上升，他们开的船速度越来越快，从而向资源有限的执法机构提出了严峻的挑战，但是近年来高调的突击检查——包括直升机追踪——表明了官方会坚持到底，逮捕那些违法捕捞这种古老节肢动物的人。

不是所有的海洋物种都会为了爱的狂欢这么卖力地从水里跑到陆地上。

相反，一些鱼喜欢浪漫的礁石远眺。

集体喷发：产子大聚会

在热带地区，太阳下山非常快，黑暗可以瞬间吞没白天。很多物种会利用这个短暂的过渡期来开始它们的性壮举。在伯利兹堡礁的南部区域，鲷鱼、鲹鱼和石斑鱼——堡礁上的顶级捕食者——都会利用伸向海中的海岬。如果蜿蜒的堡礁从侧面看是一张脸的话，那么格拉登海岬就是鼻子。至少有17 个不同的物种聚集在这个醒目的水下结构中，在那里海流迅疾而且激烈。每个物种都有自己的性欲旺季。石斑鱼（包括拿骚石斑鱼）会在寒冷的冬月里兴奋起来，不过鲷鱼明显更喜欢夏日之恋。鲹鱼、鳞鲀和其他鱼也会加入欢乐的队伍。所有的鱼一起创造了一个无尽的狂欢循环，一年里随着月亮的盈亏而涨落，而且它们全部会在日落时的几个小时之内结束战斗。

尽管每个物种有它自己变化的主旋律，但鲷鱼和石斑鱼（既是上层捕食者，也是最受欢迎的食用鱼）的群交顺序是相似的。它们的狂欢让抱卵的雌鱼为之疯狂。

接近黄昏的时候，烟灰色的鱼群组成了一朵薄雾状的云，盘旋在离海底只有一两米的位置，然后聚集在堡礁与外海交接的地方。随着光线变成金色，鱼儿从四面八方游来，鱼群迅速壮大成几千条。随着数量越来越多，它们想要相遇和产子的心情越来越急。它们变得坐卧不安，有一些随意地在鱼群中乱穿，其余的相互擦来擦去。

在拿骚石斑鱼中，整个舞会开始蔓延，越过堡礁的边缘。在那里，它们停了下来，悬浮在蓝色中，同时太阳也开始沉入海中。突然从鱼群的内部一个深色的雌性向上蹿起直奔海面。附近那些鱼快速跟上，而且越来越多，从四面八方加入进来。旋转的鱼群变成了圆锥状，同时，领头的泳者越来越高，其他的紧紧地跟在后面。雌性在鱼群 6 ～ 9 米高的地方，充满卵子的身体肿胀得很明显。她释放了一串奶油色的卵，然后一个温柔的弧线向下冲回到了堡礁底部。后面跟着的雄性如法炮制，向上游过云状的残留物，将自己的基因混合进去。这是由鱼组成的"老忠实泉"[1]，中心水柱强劲地向上射出，不断上升，然后瀑布般散开下落。这种群交的间歇泉在更大的集会中喷发了一次又一次，有些包含几十条，有些则会暴增到几百条。

得克萨斯大学奥斯汀分校的助教布拉德·埃里斯曼（Brad Erisman）指出，格拉登海岬产卵事件巨大的混乱会"让你的心怦怦乱跳，那里是如此的活跃"。首先，那里有着成千上万条鱼组成的旋转的鱼群。然后，还有微妙但是清晰的求爱方式：颜色的变化、特别的动作或者急速地前冲。最后，有几百条鱼的小群体在求爱结束后突然停下来，接着射向天空，将所有的配子释放到海中。

"而且这不仅仅是一堆精子和卵子，"埃里斯曼补充道，"因为所有这些鱼，它更像一个传送带，一个接一个，雄性释放所有的精子，雌性释放所有的卵子——看起来犹如火山喷发。这些鱼只是不断向上游去，然后穿过那道白色的激流。"

整个表演，包括最后一条鱼的最后高潮，通常持续不到 1 分钟。然后，整个鱼群降落回到海底重新组合，朝着上升流重复来一次。对这些鱼而言，性是狂欢的狂欢。

春季和夏季，在鲷鱼全力产卵的时候，9 米长的鲸鲨张着嘴盘旋在这群欢闹的鱼群上面，同时强大的水流冲来一团又一团富有营养的卵子进入它们的嘴巴。就像斜躺的罗马皇帝享受仆人喂食一样，鲸鲨几乎不必动嘴巴自己

1　老忠实泉，Old Faithful，美国黄石国家公园内著名的间歇泉，每隔 90 分钟左右喷出一次。

吞食。同时，相对于上面懒洋洋的巨人，鲨鱼和海豚从四面飞跑进来，对这些毫无警惕的狂欢者大快朵颐。

这一切的骚乱都给科学家的工作带来了困难，埃里斯曼说："鱼流很强，有成千上万的鱼在你身边旋转，你要小心鲸鲨，但它们无论如何都不会注意你，而且尾巴一扫就能把你击倒。然后，还有其他鲨鱼——白鳍鲨和牛鲨，都会冲进你想要计数的鱼群。这真是有组织的混乱。"

此外还要加上能见度不断降低的问题。在交配开始之前，一个潜水员在现场经常最少可以看到 30 米远；产卵开始几分钟后，能见度可以下降到几乎为零，仅仅看见水里一些像鱼一样的东西。

在太阳下山大约 30 分钟之后，水体又恢复平静。鱼儿们在一个松散的舞会里游动着，再一次在堡礁底部盘旋。光线退去了，伴随它的还有鱼群的性欲。它们会在堡礁边缘休息直到落下的太阳再次发出信号，那里又会变成派对的场所。

对于埃里斯曼，整个考验的真正兴奋点在于弄清楚是什么激发了这些鱼开始向海面急剧地冲刺。它们是如何协调让谁跟在谁后面的？求爱仪式是什么样的，然后能持续多久？同一个鱼群多久聚集一次——换句话说，在巨型狂欢中有没有首选的伴侣这样的情况？实现成功交配依靠的是最后冲刺前的决策和行动，而这最后的冲刺可能会因为鱼钩和渔网的介入而产生变化。

"当我们介入产子集会中进行捕鱼的时候，那会打乱所有的行为。我们从别的物种中知道，比如鸟类，当我们干扰这些活动的时候，可能会破坏它们的系统。"埃里斯曼指出，问题不仅仅是鱼被抓走了，捕鱼活动也有可能让鱼承受很大的压力，继而影响鱼体中的激素水平。这些激素控制着颜色的变化以及和求爱有关的行为，它们可以帮助变性的鱼类估计什么时候要变性，以及什么时候开始变性。

"当你拿着一堆捕鱼的工具穿过一个产子集会，它可能会阻挡那些求爱的线索，实际上就是重置了时间，那会降低鱼类产子的能力。"

全世界在产子集会时的渔捕记录是相当令人心寒的。像记录在案的小开曼岛的石斑鱼，即使是一点点渔捕的压力都无法承受。这种极度的脆弱性可能也是为什么贯穿加勒比海的石斑鱼大约有一半已经被捕光了，而那些留下来的鱼的数量要比原来少得多。过去曾经有几万条的地方，现在只有几十到几百条了。虽然目前最大的集会还盘旋着大约 3000 条产子的鱼，但对于许多依靠年度狂欢来繁殖的物种，之前的如瀑布般的间歇性喷泉，如今只剩下了涓涓细流。

尽管产子集会是这些鱼类未来生命周期中至关重要的一部分，但是我们在设立渔业规章制度的时候，并没有充分考虑它。也许，其中最糟糕的例子当数大西洋蓝鳍金枪鱼。

大西洋蓝鳍金枪鱼（bluefin tuna）是海里最大的鱼类之一，可以重达900 千克，长达 4 米，而且寿命长达 30 年以上。它们游过大洋盆地只需几周的时间，对它们而言就像在游泳池里的热身运动。它们光滑的身体和可收回的鳍提供了流线型轮廓，同时它们独一无二的循环系统让冷水鱼拥有了温血动物的能量。它们为速度和耐力而生。想象一下，一条迷你小巴那么大的鱼，有着法拉利的速度和灵活性，还有帕萨特 TDI 的续航能力，那就是蓝鳍金枪鱼。而那也是为什么你不会想在产子冲锋中挡住其中一条去路的原因。

从几百到几千个子弹形状的身体组成的旋转鱼群中，一个大型的雌性会突然挣脱并快速向海面移动，这个上层捕食者的所有能量都注入了这个专注的冲刺当中。随着她接近天海相接的终点线，她把腹部朝向天空，然后释放出一连串的卵子。转瞬间，她向深处俯冲，向急速向海面升起的雄性冲过去。在她开始上升的时候，雄性也随之急速向上，闪亮的蓝线闪过他们钢铁般灰色的脊背。然后在爬到最高点的时候，他们把自己旋转的乳白色精子旋风卷入到搅动的海水中。接着他们以同样的速度下降，消失在黑暗的水底。这些重达近 1 吨的深海"导弹"的喷发让海面沸腾了。

起泡的海面以及浮动的精子和卵子是一个指示信号，说明下面有蓝鳍金枪鱼，这个信号从上面很容易看见。多年来，探鱼飞机与渔船在水上紧密合作，将产子鱼群的位置发给船长，他可以迅速把这些猛烈摆动的"巨人"围到网中。这种工业化的船队为 10 亿级的蓝鳍金枪鱼贸易业推波助澜，在过去几十年中导致了蓝鳍金枪鱼种群的崩溃。

宛如一则古希腊悲剧，惊人的活力和独一无二的体格造就了如此凶猛的蓝鳍金枪鱼，也成了它们的衰败之源。高超的游泳技巧造就了肌肉和脂肪的完美混合，这也使它们成了世界上最梦寐以求的美味佳肴。

蓝鳍金枪鱼腹被称作拖罗（toro）或大拖罗（otoro），受到全世界寿司爱好者的疯狂追捧，因此它们成了今天渔民和鱼贩迷恋的捕猎对象。但不是自古以来就这样的。就在几十年前，蓝鳍金枪鱼还被认为是杂鱼，会被丢弃或做宠物食品。但是啊，时移世易。现在，薄薄一片鱼腩可能贵达 25 美元，整条鱼在日本高端市场通常卖几十万美元。为了吸引公众的注意力，每年的公开投标不断在上涨，2013 年，一条 200 公斤的蓝鳍金枪鱼在东京鱼市以 176 万美元的价格出售。一条鱼，7 位数的价格。这也是为什么渔民愿意为了捕到海里每一条蓝鳍金枪鱼而不惜代价——尤其是当它们聚集产子送上门的时候。

几百年来，大西洋蓝鳍金枪鱼涌进狭窄的直布罗陀海峡，在温暖平静的地中海水域中度过它们每年爱的盛会。自从腓尼基时代开始，西班牙南海岸附近就有一种叫作"阿尔玛德拉巴"的大围网，能将迁徙中的母亲缠住。那是 16 世纪中期，一季可以捕到 7 万～9 万条蓝鳍金枪鱼，进入 20 世纪中叶，种群急剧下降，目前这些传统的渠道只能捕到 5000～6000 条鱼。近年则更少了。

蓝鳍金枪鱼仍然沿着同样的产卵洄游路线回来；在上升到海面产卵之前，它们仍旧聚集在一起；而我们也依然在追捕它们。但是用的不是阿尔玛德拉巴，而是大型围网——由快艇撒出的巨大尼龙网墙，一次下网可以围住 3000 条鱼组成的鱼群。围住鱼群之后，渔民收紧网底，就像一个袋子。从 20 世纪 90 年代到 21 世纪初，这些工业船舶捕了大约 6000 吨蓝鳍金枪鱼——超过捕鱼配额的两倍，实际上就连配额本身也远远超过了科学建议的捕猎数，金枪鱼种群可以说是直线下降。

随着种群衰落，成体数量减少，渔民转向幼鱼鱼群。但是并不会把小鱼卖到市场，相反，现在渔民把捕到的幼鱼卖给"金枪鱼牧场"，他们会把鱼围起来几个月，直到把它们养肥，然后在合适的条件下杀掉。

虽然地中海区域现在已经禁止了探鱼飞机的使用（尽管非法的经营者还偶尔在天空中划过），但是金枪鱼在地中海产子嬉闹期间，渔民仍然可以捕捉它们。同时管理上也做出了一些改进：2010 年，配额急剧下降，并且 2014 年整年都保持在科学推荐的水平。在墨西哥湾，有一个大西洋蓝鳍金枪鱼子群在那里产卵，因此产卵地附近不允许针对性捕鱼。另外，从 2015 年春季开始，经常能捕到蓝鳍金枪鱼的长线设备在产卵季节也被禁止了。

虽然这些温血的鱼还没有脱离困境，但是最近管理的加强让大西洋蓝鳍金枪鱼有喘息的机会。根据 2012 年开始的地中海储量和过去几十年西部种群的评估，地中海和大西洋西部的种群数量都有轻微增长的迹象。不过，科学家承认这些评估中有相当数量的不确定性，因此要继续防止这两个种群受到过度捕捞。金枪鱼的高需求和仍旧在发酵中的黑市助长了非法捕捞，大西洋蓝鳍金枪鱼远没有到安枕无忧的地步。

好消息是，即使蓝鳍金枪鱼和其他物种上升幅度较小，但也由此证明规章制度是有效的。另外，越来越多的具有说服力的例子说明有些鱼活着比死了更有意义，而且对更加可持续的管理的需求也开始上升。今天，我们有了别的方法来解决我们与产子集会的相互影响，而这方面的方法也会越来越多。

像埃里斯曼指出的，正是以下特性使得产子集会如此脆弱：可预见的时间和位置、高密度的鱼群。这也为管理提供了手段。不连续的时间和地点，在产子集会时强制实行季节性封闭可以提供低成本、高效的方式来持续管理一个种群，并且也可以提高渔民的回报，因为他们在开放捕鱼的季节里可以捕到更多，同时种群也得以恢复。

海洋中还有其他物种也会举办这样的野性狂欢（也因此变得脆弱）。不过，如果一个种群的移动受到极大的限制，或者根本无法移动，它们如何进行集体交配？答案是：完美的时机。

第七章

性同步

邻里之间的风流韵事

性海二三事

· 任何成功进行人工授精的夫妻以及因此而出生的人都应该感谢海胆。
· 卵子放荡还是保守，取决于邻居的多少。
· 珊瑚一年交配一次，而且是跟它们最近的几百万个邻居。
· 好的食物能让海胆兴奋起来。

性海背景乐

1.《那就是爱情》——迪恩·马丁
"That's Amore" —Dean Martin

2.《每一颗精子都是神圣的》——巨蟒六人喜剧团
"Every Sperm Is Sacred" —Monty Python

3.《一起来吧》——厨师（南方公园）
"Simultaneous" —Chef (South Park)

4.《我们也来做这件事》——科尔·波特
"Let's Do It" —Cole Porter

为了参加一个巨型的性集会而冒险穿过大洋、暗礁，或者走上沙滩斜坡，对于那些准备好去目的地进行"风流事"的动物是不错的选择。但是，对于许多海洋物种，不仅无法进行如此史诗般的旅程，乃至小小的远足都不能实现。对于它们，生活仅局限在海底的一小块地方，年年做短途游，总长加起来还不如人们去一趟门外邮箱的路程那么远。

还有珊瑚和牡蛎这样一点都不能移动的物种。所以，当你几乎不能出门的时候，如何让自己兴奋起来？当然要把派对带到你身边。海洋中的家庭主男会精心安排一些离谱的狂欢派对，但是要想成功，需要一种全新层面的"邻里之爱"。

魔鬼在细节里：需要临界人数的性爱

现在是五点钟而地铁车厢快满了。橙黄的塑料座椅上盖着灰色羊毛外套。每个人都很安静，脸埋在破烂的平装书后面，或者一动不动地看着小小的、发光的手机屏幕。一个老妇人在离门最近的位置上沉闷地休息着，一个年轻苗条的女人挤进了两个躲在报纸后面像山一样的男人中间。

列车蛇行向前穿过了黑暗、肮脏的地下通道，气氛忧郁。这不是可以爆发狂欢的那种地方。但是狂欢将会在下一站发生。它所需要的一切就是更多的人。月台上等待着的模糊的脸慢慢地变得清晰，进入视线，同时列车也在滑行中停了下来。门打开了，一个、两个、三个、四个、五个，五个人挤上了车。六个、七个，到了八个、九个以后就要开始了：车厢到了临界人数。

随着车门关闭，一股从未见过的力量在人群中激起了涟漪。外套被丢掉，毛衣被扯开，领带也松绑，而且裙子拉链也滑了下去。带着高涨的激情，这些完全陌生的人爬上来，扑向另一个人，沉浸在狂喜的冲动中不能自己。每个单身的个体，无论男女老少，都向这势不可当的欲望屈服了，加入了狂欢。

几分钟后，欲望得到了满足，他们慢慢捡起衣服穿好，然后折回到座位，再次溜到报纸后面。列车慢慢向前滚动，而下一代也上路了。

不可否认，地铁上自发的性行为是有点过了（而且对任何一个定期乘坐地铁的人来说可能有点恶心）。但是依靠群体进行交配的想法并不夸张——特别是对不太灵活的一群而言。

以海胆为例，几个射精的雄性可以引起附近整个海胆群来释放云状的精子，这些精子都是从他们头上的孔里泵出的。这种情况很常见，雄性倾向于先释放他们的弹药，雌性再接上。这是一种熟悉的模式，会发生在海参和鲍鱼的身上。海参是海星和海胆黏糊、香肠形的表亲，研究人员认为雄性和雌性稍微延迟产子时间的做法可能有助于提高受精率。由雄性释放的精子在海底附近形成一朵厚厚的云，这是雌性上浮的卵子漂到海面的必经之路。

总之，底栖或者海底的无脊椎动物，如海参、海星和海胆都不想走得非常远，不仅不能与迁徙的蓝鳍金枪鱼相比，甚至不能与马蹄蟹相比（深海的物种可能是个例外，因为它们必须为克服稀疏的食物供应扫过相当长的距离）。但是沿海和浅海附近的许多无脊椎动物都一直待在家里，因为它们的管足只能走这么远。到了交配时间，这些物种会和它们的邻居蜷缩在一起，同时个体向海洋播撒出几百万（有时几十亿）的精子和卵子。

具有讽刺意味的是，这种提高受精成功率的方式也会造成重大威胁：即使在无边无际的广阔海洋中，精子也可能会太多。对于动物王国中多数卵子来说，多个精子穿透一个卵子是致命的（那些挑剔的栉板动物门的瓜水母是少有的例外）。为了了解正在发生什么，我们必须潜到微观的前线，也就是精子和卵子相遇的地方。两性之间的战争即使在单细胞这种层面也是很火爆的，而且无论是相信还是不相信，海胆都是研究这场战争的关键动物。作为一种极度多样化的群体，海胆可以小到藜藜那么小，或者大到垒球那么大，比如长着长刺的黑海胆，挥舞着10～30厘米的针状长刺。它们看起来更像中世纪的武器，让人看了以后难以忘记，摸了以后痛不欲生。从浅滩到1000多米的深海，从最热的热带海域到北冰洋的水下平原，我们都能找到海胆的踪迹。

搜索"海胆受精"，然后你会发现数十个动画和视频，都是单身的海胆精子找到去卵子家的路。为什么会有这么多的海胆性录像？因为研究海胆的人工授精有重要意义。它们在水族馆里很容易养，产子可以控制（快速注射一剂氯化钾就行了）。它们的配子一旦进入水中很容易收集，而且因为受精发生在体外，比大象体内的活动更容易观察和操作。还有一点不可忽略的是，动物保护组织还没有为了被捕的海胆的利益进行过游行示威。

所以，任何一个接受过不孕治疗的人、尝试人工授精而成功的无数对夫妻，以及因为这种辅助生殖技术而出生的任何一个人（估计有500万或者更多）都应该感谢海胆。理解精子和卵子在相遇时到底发生了什么，是所有这类创新的基石，而这基石是通过研究海胆得出来的。

我们对海胆性器官——出现在寿司菜单上的海胆刺身——的强烈爱好，意味着人们花了很多时间检查这些刺球的性周期。为保证这种受欢迎的金色生殖腺的供应，而且需要随时准备好，数量还得充足，潜水员和海胆养殖户必须懂得什么时候可以采到最成熟的个体。为什么人们会被这种咸咸的软稠状的东西吸引呢？答案或许关乎味道和质感，而这种味道和质感直接来自满满地包在生殖腺中的巨量配子。海胆刺身被认为是一种"春药"，这个名声可能并不夸张。海胆的卵含有一种与大麻中引起精神快感的化学物质非常相似的化合物，这或许可以解释它的效果，但是，多数食客并不知道这些……化学家目前正在努力创造一种集合大麻中四氢大麻酚和海胆中的大麻素的优点于一体的复合物。新的复合物可能创造一种更持久、更强烈的止痛药。

抛开动机不谈，我们所知道的关于海胆的交配以及精子和卵子之间的相互作用是这样的：

首先，好的食物会让海胆变得"兴致勃勃"。交配季节开始的时候就是浮游植物（微小的海洋藻类）爆发的时候。这个事件发生在季节交替的时节，由日照和温度触发，于是海胆也利用它们来调整产卵。通过让性行为的发生和食物的产生同步，海胆可以保证那些新孵化的幼体在生长期间会有丰富的食物来享用。

　　顺便说一下，海胆并不是唯一让性生活与这种"微藻"调和的物种。浮游植物会帮助许多物种调整它们的性日程。牡蛎需要大量的浮游植物来育成它们膨胀的性腺，所以，春天水中充满浮游植物时，牡蛎开始在壳里装满卵子或精子——那些从雄性转化成雌性的个体，两者都会储存。

　　将多叶的绿色植物与性联系起来，在人类当中也有着惊人而悠久的历史。想象一下笔直向上的长叶莴苣的茎。如果你有一个花园，你就会知道刚割开的叶子会渗出一种乳白色的汁液（莴苣的学名 *Lactuca* 源自拉丁文，意为牛奶）。这些品质使得莴苣在古埃及有着神圣的地位，远远超过色拉盘。作为浮游植物的遥远后代，莴苣成了阳物象征，受到人们崇拜并且是孕育之神"敏"（Min）的神圣食物。

　　对于海胆幼体，海洋中"绿色"的丰盛期也可能与其他合适的环境条件一致，比如较低的捕食者丰度和支持发育的水体条件。但是在幼体可以孵化和进食前，它们必须先被"怀上"。为了保证这一切发生，海胆求助于一个更加可靠的信号来调整性行为：它们自己的精子。

　　根据区域，海胆倾向于在晚冬和早春的 3 ~ 4 个月时间来产卵。在那段时间，曾经分散的个体布满了海底，小群的海胆开始慢慢爬到一起。它们相互推挤，棘刺不断抽搐。然后一个雄性出乎意料地开始释放一缕缕稀稀疏疏的精子。随着这缕充满芳香的"鸡尾酒"漂过其他雄性，也触发了它们产生精子。有时候，你能看见单个的海胆也会喷出一团团精子进入冰冷的海流中。但是通常产子是一件相互合作的事，最早由雄性来激发。然后雌性跟上，也像火山一样从她们半球形的头上喷发出卵子。

　　是什么导致了第一个雄性释放精子仍未可知。但是，对于雌性，触发的开关可能就是水中精子的数量——这一团越是稠密，受精的机会就越大……一定程度上是这样的。从这开始，事情变得微妙起来。

　　卵子的边缘不可能只有一个精子。和十几岁的男孩一样，精子倾向于结伴同游。所以，当一个精子在卵子表面挖洞时，其余几十个坚定扭动的物体可能也会试着进入那里。类似《饥饿游戏》里开场的狂奔一样，每个精子都在残酷的比赛中努力为自己争取。但是，这样的欲望对卵子是致命的。因此，只要第一个精子融入，卵子就开始收紧它的"贞操带"。

当一个精子撞到卵子时，首先就要进行兼容性评估。像一个过度保护的父亲会在毕业舞会的夜晚开门迎客一样，卵子表面有一层受体作为过滤装置，来测量求婚者的优点。精子头部有种蛋白质叫作结合素，精子能否进入卵子取决于结合素是否与受体匹配。在海中可能会有来自不同物种的精子撞向卵子，但是很容易被排斥。即使来自同一个物种的精子也可能被拒绝，如果它们的结合素不能通过测量的话。对精子来说，外面是一个残酷的世界——可以这么说，它们必须达到最高的标准才能把头伸进门内。识别蛋白就是钥匙。

一旦精子被确定是匹配的，它就得到了授权，接着可以与卵子融合。对于精子而言，穿透进去是如此兴奋以致头部都炸开了。精子的爆炸机制有助于推动精子向内，也会让卵子的新陈代谢及时挂到高速挡。

在第一个精子潜入后 1/10 秒内，一个电脉冲席卷了卵子的表面，使它几乎不能与正在过来的其他任何精子结合。这种快速封闭就像一个包围着卵子的巨大力场，关闭了从外部进入的入口。在精子融合 10 秒时间内，第二个缓慢封闭的、包围着卵子精巧内腔的果冻状薄膜开始发挥作用。小囊从流动的膜内喷发，然后把潮湿的护城河变成冷冻的、不能通过的防御设施。膜渐渐膨胀和硬化，它首先抓住任何嵌入的精子，然后把它们像挤痘痘一样挤出去。当精子飞进蓝色深渊的时候（或者像琥珀中的昆虫一样被锁在变硬的膜内），卵子四周变硬的包膜叫作受精膜，会一如既往地保护发育的胚胎。

整个过程发生在几秒钟之内。同时，最初的那个精子继续向里面开路。

它抛出了自己的 DNA，与卵子的 DNA 融合在一起，打造一个新的基因蓝图。多样性创造完成并延续到了下一代。这一顺序对地球上的生命是如此重要，我们会发现在整个动物王国，从海胆到我们，只要是精子和卵子相遇都是这样的顺序。

但是，充裕的精子对体外受精者来说只成功了一半。它们也只是做了很少的一部分。

在精子和卵子的微观层面，海洋是一个不可预测的地方。一阵狂喜的脉动后，雌性可能会产出一群卵子，它们正好赶上海流，越过暗礁的边缘进入荒芜的深渊。过了片刻，下一批可能刚好盘旋在一个产子的雄性上面，然后直接进入有几百万精子的精液团当中。如此不可靠的条件给雌性留下了一个困境：第一批卵子没有受精就死了，第二批被多精入卵杀死了。

她该怎么办呢？

在我们探索解决方法之前，先考虑一下：在陆地上雌性极少面对这种难题。相反，当有精子可用的时候，它们的供应量往往是相当充足的。这个主要是由于精子在能量消耗上相对于卵子更便宜，而雄性通常将其大量地放置在雌性的头上、身边，或者直接厚厚地散布在她的卵子周围。

这种不平衡在某种程度上推动了性选择，就像达尔文描述的那样，雄性为雌性而竞争，或者在微观层面精子为进入有限的卵子仓库而战斗。为了赢得这些战争，雄性进化出了引诱和竞争的武器。但是对于广泛播种的产子者——这些物种的个体在一个巨大的对任何人都开放的环境中释放大量的卵子和精子，而且不需要产后的亲代哺育——雄性和雌性产生的配子的命运都要依靠运气。精子和卵子数量上的差异没有体内受精者那么大。相反，对体外受精者来说竞技场地公平得多。雄性不必以和以前一样的方式进行竞争了，这也是为什么雌性和雄性从外表看起来一样的原因。直到它们产子，或者被一个好奇的研究人员给打开，否则从外观不可能看出一个海胆是姑娘还是小伙。

交配是通过大量产子完成的，这就意味着选择发生在精子和卵子层面，而且某种程度上受种群的群居程度所支配。海胆这类生活在高密度群体中的物种，雌性已经进化出非常挑剔的卵子用于限定哪个精子可以进入。由于许多个体紧密地生活和产子，有可能发生精子过多和多精入卵的情况。在这种环境下，卵子最好是"保守"一点。但是在个体较为分散的物种当中，付出的要多一点，我们会说，"开放"才有机会——乞讨者是没有选择权的。生活在低密度区域的海胆种类产生的卵子分辨能力较弱，而且对找到它们的精子更加欢迎。聚集程度适中的物种产生的卵子则倾向于中间状态。

密度对受精成功率起到了重要作用。那也是为什么当我们改变种群密度时（比如过度捕捞），我们可能从根本上影响了海洋生物的性生活。

有时候一个物种可以克服种种影响。以红海胆为例，这些北美洲西海岸的普通居民可以生存200年之久。经过一番不寻常的命运转折，实际上是我们促进了它们种群在20世纪的爆发，因为人消灭了它们主要的捕食者——海獭。佛罗里达州立大学的生物学教授唐·莱维坦（Don Levitan）有一个想法，利用这些非常古老的但是仍旧非常活跃的海胆作为时间囊来研究随着种群密度的改变红海胆的性生活会受到什么影响。

他的发现如下：在较老的海胆种群中，乱交卵子的受体蛋白比年轻海胆的更加通用，而年轻海胆的蛋白则更加正经。这就说得通了。二百年前，老水手们刚出生的年代，海獭整把地吞食海胆，海胆较少，因此海胆周围的精子也较少，多精入卵的风险就很低。所以带着乱交蛋白的卵子成功勾引到更多的精子并且受精。这些热情蛋白的基因就这样传播给了后代。相比之下，海洋中挤满了海胆，这种情形多精入卵就高了，此时对于卵子来说最好的蛋白是正经蛋白，可以保护卵子免受更多精子的打扰。有这种分辨力蛋白的海胆可能开始获得更高的受精率，同时海獭的数量也下降了，接着海胆的种群密度也上升了。这就是为什么它们的后代（今天的年轻海胆）比老的群体拥有更高比例正经蛋白。

好消息是，一种特性如此快速地进化（相对而言，能够让蛋白质这样根本地产生变化，二百年算快的）表明一个物种也许有能力适应种群密度的剧烈改变，如果种群中已经存在了某些优势特性。在莱维坦的研究中，一个之前稀有的带有正经卵子的海胆种类，随着密度的增加，开始拥有了更多的繁殖机会。随着时间的流逝，正经受体蛋白的基因得以在种群中不断增加。

但是当一个物种快速衰退时会发生什么？像全球范围内已经衰退的地中海海胆，或者北美洲西海岸的鲍鱼，或者加勒比海的海螺？不幸的是，找到残存的老前辈来追寻精卵兼容性的变化是极为困难的，莱维坦仍旧在坚持寻找样本。然而我们看到的是，即使经过几十年的保护，现今稀有物种数量的反弹大多还是失败的。

某些物种如果没有它们朋友的一点帮助就不能存活，美国西海岸的鲍鱼便是这样一个残酷的例证。作为扁平壳的海洋腹足类，鲍鱼有一个大而宽的足，可以吸在岩石海岸上，吸力强得足以抵抗海岸线上最有力的海浪。就像我们一样，它们流行两种性别，而且与海胆相似，它们的配子可以从壳顶的洞中喷出来。

鲍鱼曾经非常丰富，覆盖了加利福尼亚的近岸潮间带，让海岸变成了大自然的鹅卵石通道。它们出色的内部装饰风格深受人们喜爱（在它们的壳里填满了珍珠母），而正是那强壮的腹足杀了它们。它的外观远远比不上它的滋味。即使那只腹足在面临最大的风暴时能帮它们固定在一个地方，但是它们也无法打赢与我们爱撬的手之间的战争。对生拇指（拇指可以和其他四指对握，人类能够发展智力和工具的重要因素）有着不可忽视的力量。

在它们衰退期间，科学家还没有弄明白在维持种群健康当中密度的重要性。人们想当然地认为，一种在几周的产子周期中能喷出数十亿精子和卵子的动物永远不可能消失殆尽，却从未质疑那些配子是否能真正相遇并融合。但是把鲍鱼分开大约一米以上，那么受精率会陡然下降。所以，尽管理论上沿着西海岸有许许多多的鲍鱼，每个都能泵出数百万的配子，但是它们离得不够近而无法发生受精——因为潜水员的打捞而变得稀疏，产生了无法弥补的缺口。一个接着一个，从粉色，到红色，接着是绿色、黑色，最后是白色，它们的种群被打败了。2001年，白色鲍鱼进入了濒危物种的名单。它是第一种达到这种濒危程度的海洋无脊椎动物。

而且鲍鱼并非孤例。其他海洋物种也遭受着现在所谓的阿利效应之苦：当种群数量下降到低于一定的门槛的时候，每个个体的繁殖成功率也会遭受打击。这并不罕见，因为受精需要一定的群体动力、临界数量来保持旺盛的性欲，并帮助游荡的配子相遇结合。人类不会遭遇这种效应。在一个人口少且分散的小镇找一个伴侣的概率可能比较低，但是一旦两人相遇，他们生出宝宝的概率跟他们在大城市相遇是一样的。

为了帮助这些敏感的种群反弹，需要管理策略，这些策略要聚焦于栖息的物种密度，而不仅仅关注数量。举个例子，1997年，加利福尼亚为了南旧金山鲍鱼禁止在其所在水域进行任何形式的捕捞活动，并且对这个地方的所有物种制订了一个恢复和管理计划。这个计划包括监视密度，以及出现的新生鲍鱼的数量。此外还制订了积极的圈养计划，加利福尼亚大学博德加海洋实验室正在培育白色鲍鱼，希望有朝一日达到足够的数量作为野外衰退种群的补充。

这种对于个体数量以及在特定的区域内达到合适数量的关注，对上文和下文提到的群体来说尤其重要：它们是固着的个体，永远扎根在海底，在这种生活方式下要想移动去交配——即使只是稍稍移动——也简直毫无可能。

完美的时机：固着者的性成功

> 住在海里的珊瑚，
>
> 他们的日子以独身为标志，
>
> 除了一个夜晚
>
> ——那就是月圆之时，
>
> 他们加入超百万人的狂欢。
>
> 但要想中奖，珊瑚必须更加聪明，
>
> 因为诀窍是这样的：
>
> 为了快速了结
>
> 他们的高潮必须同步。

与珊瑚相比，我们是严重的性瘾者。研究表明，25～50岁的人类在有伴侣的情况下每周或每月都会有若干次性生活。在稍微年纪大一点的群体中，半数的男人和女人一年至少也会进行数次。以珊瑚的标准来说，这次数已经很多了。

相比之下，珊瑚的性生活就像过新年：是一个完全可以预期的事件，一年只发生一次。但是和我们最熟悉的派对不同的是，幸运的机会与房间里大量的酒精没有关系。实际上，成功的珊瑚性爱所要求的微妙精确度需要高度的清醒。在参与地球上最大的性同步行为时，你必须头脑冷静。

为了帮助你理解一个珊瑚群体产子时看起来是什么样的，首先想象一栋公寓大楼里住满了夫妻并都同时在过性生活；接着想象一下每一对夫妻都在同一时间达到性高潮，不是单独个人，而是大楼里的所有夫妻。现在把这种想象放大，围绕整个曼哈顿岛。

我们大多数人可能都幻想过这样的性同步，但达到这种壮举的人恐怕不多。而当我们谈论珊瑚性爱的时候，我们说的是礁石上几百万的个体，全在瞬间互相协同达到高潮。

珊瑚做到了，它们甚至没有大脑。

不过，它们也没的选择。由于固着在海底，珊瑚深陷困境。要克服这种固定性，藤壶可以使用那巨大的、可伸展的阴茎，因此它们可以轻易地穿过潮池进行交配。但是珊瑚并没有得到如此慷慨的馈赠，它们必须依靠它们的配子为它们进行约会和交配。海扇、海绵、苔藓虫和许多其他海洋无脊椎动物也是固定的，不过在性生活方面，它们已经进化出独特的策略来克服它们固着的生活方式。

对于这种无法移动的群体，它们最好的机会就是与它们的邻居同步释放配子，并祈祷配子在它们的触角间穿梭的时候夜晚是平静的。

珊瑚是美丽、微妙的动物，造出了唯一在太空中可以看到的活体组织——巨大蜿蜒的大堡礁（Great Barrier Reef）。数以百万计的细小珊瑚虫一起合作创造出这面波浪形的活体墙。每个珊瑚虫看上去像小小的肉团，中间有一个小嘴，全身长了一圈长长的、有弹性的触手，挤在一个小小的、硬硬的、铅笔头大小的圆筒里，有一个进出的开口，一个简单的神经系统、胃，一套完整的生殖器官——实际上是两套。多数珊瑚是雌雄同体的，每个珊瑚虫都可以产出精子和卵子。

堡礁本身是由碳酸钙（石灰岩的来源）构成的，那是珊瑚虫分泌出来用来保护它们柔软身体的外壳。每个珊瑚虫建造了自己的圆筒状外壳，排排坐着，像一连串的排屋，又像是共享围墙、连成一栋的公寓大楼。有一些，比如脑珊瑚，甚至更加公共化：珊瑚虫沿着小小的沟槽被隔开，但每个谷地内没有将它们分开的围墙。

当珊瑚繁殖的时候，真正的性生活发生在海面，在那里精子和卵子相互碰撞。漂浮的精子和卵子聚集在海面，三维的环境变成了二维，配子挤进了一片薄薄的区域内，在那里它们更有可能遇到彼此。

不过，性行为早在海面之下就开始了，在那里——在夜晚堡礁朦胧的轮廓中，月满几天之后——小小的配子为了受精开始了它们危险的旅程。珊瑚的出生比怀孕重要：组成珊瑚种群的几百个珊瑚虫每个都作为个体开始膨胀，小小的球体从嘴里喷出来。这种小球看起来像鲜艳的橘粉色的彩虹糖。在几秒钟内，曾经相对平静、土色的圆顶变成崎岖不平、斑斑点点的土堆，好像整个珊瑚种群突然暴发了荨麻疹。

这些球体是一团团的卵子和精子，是会长成下一代堡礁建设者的种子。珊瑚一年到头储存营养就是为了提供足够的能量来生产和包装这些多脂的配子球。在产子的夜晚，它们慢慢地用自己的方式上升到珊瑚的嘴边，准备释放。

但是，就像突然开始一样，行动突然又停止了。

堡礁静止是极少有的情况，而海流继续在流动，各种形状和大小的动物始终冲来冲去。不过在这个夜晚，在最短暂的瞬间，就好像整个堡礁停顿了，在长长的呼气前深吸了一口气。然后就发生了。

突然，整个堡礁的种群释放出一团团的配子。无声的爆炸重复了数千次，然后这些小球滑向了自由。在水的世界里，慢动作是主导，而这种释放几乎像一个延迟响应。这些浮动的小团，仍旧附着在它们亲代的珊瑚虫上，通过脐带一般细细的黏液丝连着，并在珊瑚的表面盘旋。

就在这一瞬间，景色是最迷人的。数百个左右摇摆的软粉球在珊瑚岬形成一个有形的光环：所有的后代逗留了一会儿，维系着过去，展望于未来。几乎不知不觉地，黏液丝慢慢延伸并最终断裂。球团齐齐上升，像小气球一样漂到表面。最后，获得了自由。

这是珊瑚虫生命中唯一可以真正地穿越堡礁的时刻，新生游者踏上的处女之旅也是终极之旅。因此，下一代的生活就此开始，只需要在海面的一点点融合。如果它们能到达那里，一切就能顺理成章。

从这里开始，安静文明的配子华尔兹变成了一次完全放开的狂欢。不同种类的珊瑚开始在同一个夜晚产卵，看着一大群珊瑚产卵像见证一场水下暴风雪，只是雪花是向上漂的，而且涂上了水红色，还拥有相当于士力架的能量储备。这是可以随便吃的大型自助餐，所以堡礁居民都不愿意错过它。在球团释放的时刻，甲壳类的神风敢死队开始俯冲轰炸，为了包着脂肪的粉红颗粒疯狂地横冲直撞。小虾和蠕虫狂热地爬过来，穿过珊瑚丛，狼吞虎咽地吃着它们可以够到的任何一团配子，直到美味的食物小块上升到够不着为止。这是所有动物放纵的夜晚，大自然保证没有东西会浪费，甚至连鱼的粪便——夜晚盛宴的残余物——也会被堡礁上的微生物迅速吃掉。即使最饿的鱼最后也会吃饱，因此还是有足够多的、幸运的精子和卵子可以毫发无损地过关。

与其他物种在同一个夜晚喷射出配子也是有用的，可以让捕食者忙不过来，但是这也带来了严重的威胁：亲代不能控制配子是否会与同类物种的配子相遇并融合。多亏了体内受精，我们能非常确定我们的配子会和谁以及哪个物种相融。对于珊瑚，有几十种和它亲缘相近的物种聚集在附近，经常在同一个晚上喷发。它们的配子在有真正雌雄混合群的海洋中转来转去。这也就意味着，它们有形成杂交体的风险。

杂交体有什么不好？好吧，如果你是骡子那还可以。骡子是一头雌马与一头雄驴杂交的产物——反过来的是驴骡，那是公马与母驴的后代（研究动物交配还能学到这种知识，神奇）。但是和骡子一样，许多杂交体是不育的或不能独立生存的。它们走到了基因的尽头。产生一个杂交体在某种程度上违背了性的最初的目的——那就是，让个体自己的基因延续到后代。

虽然一些杂交体可以繁殖甚至茁壮成长，但是它们的后代，在一代或者两代之内，趋向于衰败。在杂交体的世界里，你或者是种马，或者是废物，又或者是最糟糕的情况：一个生了废物的种马。最后一个可能产生一个特别有活力的杂交体并胜过父母，只是几代之后会完全绝种。结果就是我们失去了一切——双亲和杂交体。

所以，杂交体是许多物种极力去避免的东西。珊瑚为了降低杂交体的风险，准确调整它们与同类物种成员的产子，那么到了其他种类产子的时候，它们自己的配子多数可能已经相遇并融合了，成了健康的、有繁殖能力的幼体。

拿两个姐妹（亲缘非常近的）物种为例，裂星珊瑚（lobed star coral）和石星珊瑚（boulder star coral）。这些物种亲缘是如此之近，以至于科学家在几年前才认识到它们是不同的物种。但是你在野外可以分辨出它们。裂星珊瑚形成粗大的柱体，有着膨大的顶部，像一簇半米多高浅桃红或者黄色的蘑菇。比起石星珊瑚它们倾向于住在稍微浅一点的水里，看上去有点坑坑洼洼，像深棕色土丘。除了它们的样子之外，这两个物种有一个不同的特性：它们在同一个夜晚产子，但时间稍有不同。石星珊瑚比较早，大约在太阳下山两个小时后喷发。之后裂星珊瑚跟上，也就大约一个半小时后。

这种错开的、极其精确的产子时间并不只是用来给人留下深刻印象的，这也是每个物种为了生存而必需的技能。同步产子有助于精子找到卵子；时间间隔可以保证对的精子找到对的卵子。没有时间间隔，两个物种会更容易融合。

我们知道这些是因为我们骗它们同时产卵，然后看到了整个过程。珊瑚的性生活可以被操纵，方法简单到令人吃惊。你所需要的一切就是一个木桶和一些黑色大垃圾袋。但是这里不涉及任何的窒息恋物癖——那个是银汉鱼的最爱。垃圾袋仅仅用于制造黑夜笼罩的环境。在太阳下山前一个小时，扔一个袋子到装有珊瑚的木桶上，然后你瞧，珊瑚开始产子，正好比它们平常早一个小时。对裂星珊瑚这样做，你就可以让它们与石星珊瑚一同产子。

诺瓦东南大学的珊瑚专家尼科尔·福格蒂（Nicole Fogarty）运用这一方法测试不同珊瑚种群之间如何融合。福格蒂花费了许多个夜晚来扮演珊瑚媒人的角色。为了复制自然中最亲密的行为，她用了一根长的移液管——可以精确吸取不同尺寸的颗粒——和一大堆盛尿杯。福格蒂用这些杯子来做精子和卵子的"鸡尾酒"，先从一个桶里吸取精子，接着将它混入来自另一桶的卵子中，完成所有可能的组合。

通过这些"受精实验"，科学家已经发现在合适的环境下裂星珊瑚和石星珊瑚是兼容的：它们的精子和卵子可以相互受精。但是，正如许多在线约会网站证明的：兼容性并不能保证牵线成功。尽管裂星珊瑚的精子可能为一个石星珊瑚的卵子授精，但那只会发生在当石星珊瑚的卵子没有其他选择的时候——有点类似"除非你是海洋中最后一个精子"。

这种情况的部分原因并不是石星珊瑚卵子的道德水准高（那是石星珊瑚精子的嗜好）。在许多珊瑚种类当中，受精的时机大约只有 1 个小时。在此之后，精子就没什么力量了。但是石星珊瑚的精子表现得像一匹上乘的赛马：单独待在跑道上，也不知道该干吗，只要有了竞争者，这些笨蛋就会撒丫子跑起来。

因此，如果石星珊瑚和裂星珊瑚在同一时间产子，石星珊瑚的精子会进入高速挡，然后有可能不仅为多数的石星珊瑚的卵子授精，而且还为裂星珊瑚的卵子授精，裂星珊瑚的卵子对于精子的辨识力远远不够。如果一些石星珊瑚的卵子漂进了更稠、更浓的裂星珊瑚的精子团中，它们也可以被授精。

时机以及先天的倾向阻止了这两个物种的杂交。

所以珊瑚如何把时机把握得那么准？垃圾袋实验帮助我们揭示出太阳下山的时间是一个主要因素。工作原理是这样的：太阳辐射或者风场暗示了产子的月份，此外月亮周期提示了日期，最后日落激发了珊瑚虫从它们张开的嘴里喷出一团团配子。只不过珊瑚如何感知这些气候和光线的微妙变化（要知道，它们没有眼睛或者脑子）依然是个谜。

与珊瑚相似，牡蛎的交配也需要多个因素的结合。像之前提到的，季节的变换带来丰富的浮游植物，提供了牡蛎增长性腺所需的营养物质。但是温度也是至关重要的——随着水温上升，它可以让牡蛎变得活跃起来，所以它们可以利用那些营养物质，并且进入高速的配子生产当中。随着它们的性腺成熟，之后牡蛎会释放化学信息素，好像在检查，看看周围其他牡蛎在做什么。对于牡蛎，化学信息素是一种岛礁上的"呼叫与响应"，卡罗来纳海岸大学的朱莉安娜·哈丁（Juliana Harding）如是说，她专门研究牡蛎繁殖。如果接收到信号的牡蛎也成熟了的话，会释放它们自己的化学信息素作为回答："收到，我们也已经把配子准备好了。"

潮水也很重要，还有牡蛎礁本身的形状和结构，这两者影响了水如何流过底部：因为牡蛎不能移动，它们依靠旋转的流水将信息和配子从一个牡蛎带到下一个。最后，牡蛎喜欢在一天中固定的时间内交配，也就是说黄昏或黎明，那个时候吞吃卵子的捕食者难以看见猎物。当万事俱备，哈丁说，牡蛎就可以开始了。

"当产子开始的时候，我看见的过程进行得有几分像环绕在体育馆里的人浪。一群牡蛎释放出配子，然后下游的牡蛎也立即开始释放，以此类推。"

在珊瑚中，基因因素和种群密度最有可能影响一团配子的准确释放时间。珊瑚有一种极好的本领，能克隆它们自己并运用这种技术来萌出一个新的、基因完全相同的珊瑚虫，新生儿仍旧会附着在父母的种群上，种群就是这样不断变大的。不时会有折断的珊瑚，这样就会形成一个新的、基因完全相同，但是物理上分开的种群，类似从植物上切下一枝再长成一株新树。

基因完全相同的克隆体产子在时间上比非克隆同伴更接近。但是，这只在克隆体位置相近的情况下才起作用。如果距离超过四到五米，距离就战胜了血缘，相邻的产子更加同步，与亲缘无关。尽管我们还没有确定具体的化合物，但是产子的珊瑚虫可能释放了某种信息素，然后暗示附近的种群来加入，这与牡蛎相似。这样的化学信息素在其他物种中也会起作用，包括海胆和鲍鱼。

日落、月相、邻人之爱，这一切听起来非常浪漫和嬉皮士。但真相是，珊瑚产子是一种高度受限的事情。相对于牡蛎可以持续产子贯穿整个漫长的季节，珊瑚只有一个晚上。它们不能承担把珍贵的种子射到荒芜的蓝色深渊之中的后果，更不能冒险被错误的种类喷出的配子受精。无可挑剔的时机真的是一种必备条件。

同样重要的是要有足够多的珊瑚。这也正是珊瑚会被我们破坏的重要原因。因为珊瑚不能移动，它们无法通过聚集在一起补偿种群衰退，那只能是可移动的物种采取的策略。如果堡礁珊瑚种群变得稀疏，受精成功率就会下降，不仅仅是因为产子的个体更少了，而且因为种群之间距离的增加可能导致产子时机的错失。仅仅晚了或早了 15 分钟就会导致受精成功率明显地降低。

因此，当堡礁上的珊瑚死去，就会造成双重灾难。

世界范围内珊瑚礁是地球上最濒危的生态系统之一，所有珊瑚中永久消失的达到惊人的 10%，另外 30% 预计会在接下来的几十年中持续衰退。2012 年，66 种珊瑚被提议列入濒危或者受威胁物种的名单，包括星珊瑚。大堡礁在过去 27 年中已经失去了一半的珊瑚；加勒比海的堡礁平均只剩下 15% ~ 20%。

从堡礁转变为碎石堆展现了极大的反差，仿佛古老的文明、伟大的寺庙被丛林吞没，又仿佛城市的轮廓与灰尘齐平。而且，和许多繁荣的大都市的崩溃一样，珊瑚礁的消失打击了人们——是的，就是我们——遭受打击最大的当数我们的经济利益和我们的胃。珊瑚礁为全世界亿万人民提供了就业和主要的蛋白质来源，通过旅游、建设材料、捕捞、药物和海岸防护服务，珊瑚礁提供的产值估计每年有 3750 亿美元，这比丹麦或泰国的国民生产总值还要多。

没有珊瑚这些服务或产品就不可能存在。堡礁发达的热带海洋，实际上是水下沙漠。这也是为什么那里水那么清——里面没有任何东西。珊瑚幸存下来是因为它们与一种微藻有着不寻常的合作关系。它叫作虫黄藻（ Zooxanthella ）。它们生活在珊瑚组织内并且是迷你食物工厂，可以把太阳能转化成能量。它们把这种能量传递给珊瑚，作为回报，珊瑚的残留废物用来喂养虫黄藻，这些废物对虫黄藻的生存至关重要。这是一种极其紧密的再循环系统，给予了珊瑚特别的帮助，使得它们得以建设厚重骨骼并生产富含能量的配子。

这就是珊瑚如何把热带海洋沙漠变成生命绿洲的。珊瑚礁占了不到海洋面积的 1%，但据估计所有海洋物种中有 1/4 以它为家。在一定地区它们包含的物种比任何其他海洋栖息地都要多。所有这些生命吸引了游客、渔民和制药巨头——而制药巨头们才刚刚开始探索由珊瑚礁有机体制造的丰富生化资源，其中不乏各种抗癌化合物。

所有这些利益和资源都依赖于珊瑚建立的健康礁体。为了实现这个目的，珊瑚必须成功繁殖。

即使是克隆也无法挽救颓势。尽管珊瑚种群会经常通过无性繁殖创造出新的种群，但是克隆的种群对疾病、捕食和竞争都同样敏感。一个珊瑚礁到处都是克隆体会为珊瑚礁的长期生存埋下灾难因素。相反，一个健康、可持续的礁体需要许多基因不同的种群。那样的话，不管怎么干扰，一些种群带有的基因就是让它渡过难关的机会。而创造基因多样性的最有力的方式是什么呢？你猜到了：性。

珊瑚的成功交配需要两样东西：大量的能量和严格同步的产子。在热带海洋沙漠中，就算条件理想，找到足够的能量也是困难的，何况长期以来条件并不理想。沉降、污染、过度捕捞和气候变化都为环境制造了压力，而珊瑚必须在这种环境下挣扎着生存下去。

由于滥伐森林以及糟糕的土地管理，沉积物（经常携带除草剂、杀虫剂或者石油）会被冲到沿海海域。因为我们为了建设道路和房子破坏了红树林和盐碱滩，更多的污泥和粗砂冲进了沿海水域。为了移除沉积物，珊瑚像我们一样会制造"鼻涕"——一种用来清理身体的化合物——来粘住沉积物颗粒，然后让它们从表面脱落下来。但是生成黏液抽走了制造精子和卵子的能量。暴露于重金属、除草剂和其他污染物之中会降低配子的数量，而且暴露数年之后，会引起不育或者卵子尺寸的减小。这些影响如果联合发生作用，珊瑚交配的可能性就会进一步降低而且生育力也会降低。同样地，类似的影响也在扼杀牡蛎的性。

对于许多海洋物种，越是努力，剩下可以繁殖的资源反而越少。同样的事也发生在我们身上：处在极大的压力之下的夫妻经常不能受孕——或对女人来说，称作怀孕。压力和繁殖无法共存。

幸运的是珊瑚和牡蛎都没有灭绝。实际上，与陆地相比，海里发生的灭绝非常少，仍然有许多的潜力可以挖掘。科学家和潜水员、堡礁管理者和企业家都在继续寻找对抗珊瑚礁和牡蛎礁衰退的方法。一个个珊瑚养殖场、一堆堆可循环利用的牡蛎壳、大范围充分保护的海域、植食动物的保护和各方面的努力都在帮助扭转局势。而且因为珊瑚和牡蛎是生态系统工程师，帮助它们的方案也有助于保护其他物种的性生活。

高潮之后

　　性作为海洋中的繁殖方式至少已经延续 10 亿年了。而且它会继续存在。但是繁殖的结果以及繁殖的数量，部分是由我们决定的。我们影响了海洋的命运，正如海洋的命运也影响着我们。到目前为止，我们的行为已经刺激了自然环境中胶状物、黏状物以及微生物的增加，不过本来不必弄成这个样子的。

　　对衰竭的物种和生态系统的恢复，以及未来衰退的防止最终依赖于我们对海洋中古老的远亲的繁殖方式的了解。我们学到的越多，我们就有越多的机会调整我们自己的行为，实现海洋生物和人类的和解。正如这最后一章阐述的，我们已经做好了准备。

第八章

提升性趣

如何点燃海洋中的性欲之火

性海背景乐

1.《现在我可以清楚地看到了》——约翰尼·纳什
"I Can See Clearly Now"—Johnny Nash

2.《任时光流逝》——赫曼·哈普菲德
"As Time Goes By"—Herman Hupfeld

此时，在那广阔蓝色海洋中的某个地方，你可以打赌某些创造性的——即使不是偷偷摸摸的，也是非常有技巧性的——性行为正在进行。尽管我们不一定总有机会看到它，但是我们已经揭开了这个多彩并且古怪的性世界的一角，正是这个世界推动着海洋生物多样性和丰度的不断演变。

任何一门合格的性教育课都会告诉你，性行为既有收益也有风险。然而就海洋中的性而言，我们需要担心的风险来自寻找性的过程，远非性本身。在寻觅的过程中以及最后程序上都可能出岔子。我们都经历过柔和浪漫的灯光、完美的背景音乐、你和你热恋的爱人单独在一起。你侧身等待着那第一个吻，然后就在它发生之前，就在浓烈的感情爆发前的一瞬……砰！你的室友闯进了房间，打开了所有的灯。

海洋中也有这样的情况，捕食者的突袭会对鲷鱼的产子冲锋产生严重的阻碍，或者大风暴会产生巨浪导致海马无法前进或旋转。这种打断是意料之中的，而且各个物种通过进化，已经可以应对这些偶尔出现的情绪杀手了。但是人类的行为对于海洋中性的影响可不只是偶尔出现的。

我们简直就是最厉害的避孕药。

这就导致了问题，而且这个问题不仅仅针对受挫的鱼类。无论如何，我们与我们水里远亲的亲密行为的关系比我们认识到的更加密切。好的方面是，海里的性生活为我们提供了有价值的产品和服务，从而提高了我们自己的幸福指数；不好的方面是，因为这种亲密关系是双向的，而我们的行为破坏了海洋中关键的约会和交配游戏。现在深受我们喜爱的海鲜和多彩的珊瑚礁正在变得越来越少，而塑料颗粒和死区（水体内含氧量太低，不适于鱼类生存的区域）越来越多。从以人类为中心的观点看，全球范围内海洋生物的衰退对当地经济、食品安全、海岸稳定和水质产生了负面影响，减损了海洋提供的医药资源，以及娱乐、精神和文化价值。如果海洋中的性继续减少，这就是风险所在。

但也不要太泄气。好消息是过度捕捞、气候变化、污染和其他人类导致的情绪杀手并没有永久地扑灭海洋中的性欲之火。某些统计数据可能是可怕的，实际上对于未来的海洋这是一个伟大的乐观主义时代。我们只需泰然自若地坐在潜在的新关系的尖端，选择支持海洋的性动力，这样就能取得有利于我们所有人的回报。

接下来的部分将会详细讲述我们取得的主要胜利，比如新的政策、技术以及手段对扑灭性欲和妨碍性事的风气起到的扭转作用，特别是对于那些我们最重视和依赖的物种。从全球趋势到当地行动，我们的所作所为正在为海洋中的性创造更有利的条件，取得更多成功。

减轻焦虑：缓解过度捕捞的压力

在压力下完成那件事是很艰难的。我们对海洋物种繁殖能力的预期根本不切实际。过去的 150 年里，渔船功率和尺寸的增加以及渔民的捕捞效率的提高，达到了让鲷鱼和鲨鱼数目无法保持增长的程度。它们的性策略致使它们不可能繁殖得很快，这样也就无法满足我们对海鲜越来越大的胃口。供应在下降而需求在上升。此外，由于我们有着捕获大鱼的习惯，给雌性留下了更瘦小的求爱者，也为种群中留下了更少的大个儿的雌性，进一步扼杀了交配的成功率。

还有，不要忘记潜在的萎缩——针对大鱼选择性捕捞的另一个负面作用。

究竟达到什么样的程度，一个物种就会无法补足从种群中移除的个体数量？在确定这个问题的答案时，天性和行为都扮演了重要角色。可持续性的关键在于找到这个平衡。生长缓慢的、寿命长的物种——比如鲨鱼和鳐鱼、海龟、海洋哺乳类以及其他鱼类——禁不起沙丁鱼或者某些鱿鱼承受的渔捕压力。以鲨鱼的情况为例，多数大型种类的雌性一次最多怀 12 个幼崽，而且经常每两年或三年生产一次。即使并不是所有的鲨鱼捕捞机构都进行不可持续性的捕捞，大型鲨鱼也受到了巨大的压力，导致了世界范围内的种群衰退。

同时，特定的由性驱动的行为，比如形成产子集会或者聚集在海底山附近或者存在特别敏感的雌性也会让一些物种比其他物种更加脆弱。

所以，我们可以做什么来减轻压力？

从供给方面，渔业机构管理者有一件事可以做：通过规章制度把捕捞压力聚集到中等尺寸的鱼类。保护种群中的小鱼和大的成鱼有助于保证新的成体可以加入繁育池，并且降低捕捞引起生长率或者其他重要的生存特性变糟的概率。实验证明，对大鱼的选择性捕捞停止后，种群就会增长，一部分后代可以恢复到它们未受捕捞前的尺寸。恢复是缓慢的，但也是可能的。

为了给成熟的成体增加相聚的机会，渔业机构管理者也可以保护产子集会，而且要像我们保护筑巢的海鸟种群一样严格。因为产子集会把鱼类集中到不寻常的高密度，这种状态使得我们很难亲眼"看"到衰退：崩溃之前的集会看起来仍旧不错。考虑到这些年度事件对于未来种群增长的重要性，以及过去对集会捕捞的沉重记录，应该批准针对所有"海洋狂欢"的禁令。策略的强制执行虽然不易，但也证明对鱼类和渔民都是有效的。

红点石斑鱼（red hind）是一种小型石斑鱼，产于美属维京群岛的圣托马斯。它就是一个活生生的例了。1999 年对产了集会强制实行了永久关闭，迄今已经有了强烈的恢复迹象——当地种群显示出了平衡的性别比例和成倍的鱼群密度。另外，产卵场的鱼和保护区外面的鱼尺寸都比禁令前的更大，也给商业渔民的捕捞增加了收益。

对产子集会的保护也并不总是从上至下。比如说在斐济，一个叫作 4FJ 的草根运动正在开展中，鼓励人们在产子季节不要吃那些脆弱的石斑鱼。根据网络数据，超过 4000 人已经承诺不在 7—9 月吃、购买或者销售石斑鱼。这种创新的方式正在迅速发展，有助于扭转灾难性的损失：渔民过去 30 年来捕捞量下降了 70%。

与此同时，我们同样也可以为负担过重的种群减轻压力：通过避免食用脆弱的物种并改变我们对海鲜的选择。尤其是在美国，我们倾向于食用固定的物种，如金枪鱼、虾和鲑鱼。我们固定的偏好为这些野生物种带来了说不清的压力，也相当于支持了对环境最不友好的水产业。同时，我们也错过了可能更加令人兴奋的饮食体验。使我们的食谱变得多样化一直都不是一件容易的事，厨师们也在不断抓住机会让菜单更有创意又更具可持续性，以及新的市场渠道也提供多种方式来购买更多种类的海鲜。

在这些努力的背后有一个有远见的人叫巴顿·西弗（Barton Seaver），他是厨师，也是国家地理的会员，他证实了用具有创意的方式烹调各种陌生的海鲜也是行得通的——无论从味道、可持续性还是经济的角度。几年前的一个晚上，西弗的供货商意外送来一箱飞鱼。当时供货商只是简单地说，这天是一个打鱼的"坏天气"。所以，西弗做了一道美味的调味汁，指示他的侍者讲述这些鱼的故事，然后到晚上 7 点这道菜就迅速卖完了——

每盘 26 美元。

对于西弗来说，当选择海鲜的时候，我们应该问海洋可以持续提供什么，而不是只向它们索取我们想吃的东西。这是一种思维模式的转换，我们可以将捕捞力量重新分配到更负责的收捕中，为几百万饥饿的人类提供更多样化、更健康的海洋蛋白质。其中包括未充分利用的物种，它们经常被当作副产物扔掉，需要被清除的入侵物种（狮子鱼）以及一些被认为是"丑鱼"的物种，它们可能看起来倒胃口，但是吃起来美味（比如象拔蚌，一种看起来像长了一个巨大阴茎的蛤类，在亚洲风靡一时）。

幸运的是，当我们给物种喘息的机会并为它们提供休养空间时，种群经常会恢复。在美国，自从 1996 年开始实行严格的联邦管理计划后，2/3 过度捕捞的种群已经成功地重建或者接近重建。曾经濒临边缘的东海岸条纹鲈和西海岸巨型海鲈鱼在本地严格的管理和施行体制下恢复了。

我们对物种多样化的需求有助于给过度开发的物种更多的机会来恢复，同时也可以保证渔民的生计，他们可以以捕捞其他鱼类为生。随着过度开发物种的再建，渔民的收入可以增加，我们菜单上的选择甚至可以更进一步地拓宽。

但是我们怎么保证我们正在用那些可以承受合理捕捞压力的物种代替过度捕捞的、脆弱的物种呢？换句话说，我们怎么知道哪些渔业机构的捕捞方式对某个海洋物种的繁殖是安全的呢？这要基于我们对鱼更深入的认识。

讲述故事："有故事"的海鲜

哪个物种可能是最好的捕捞对象？这要取决于它们多久繁殖一次、繁殖的量和它们如何成功地繁殖，以及它们是如何被管理的。为了支持"有利繁殖"的海鲜，消费者需要吃非营利机构"鱼类未来"（Future of Fish）所谓的"有故事的鱼"（Storied Fish）：带着从水里一直到餐盘的旅途信息（如何、哪里以及什么时候这条鱼被捕获）。可持续性海鲜验证计划诸如海洋管理理事会（MSC, Marine Stewardship Council）和海产品指导计划，比如蒙特雷湾水族馆海鲜观察项目，将物种性生活考虑了进去，作为评估的部分因素。举个例子，物种是不是需要很长时间才能达到性成熟或者繁殖较早、频率较高？渔民是以产子集会为目标还是遵守季节性休渔规定？作为一般规则，接近食物链末端的物种（想想如沙丁鱼之类的小鱼和甲壳类）倾向于更快、更多地繁殖，它们可以作为一个不错的起点。

为了支持负责任的捕捞，最大的挑战是：进入我们餐盘的绝大多数鱼实际上完全是一个谜——鱼片上没有任何故事。今天，非法的、错误标识的和以不可持续方式捕捞的海鲜溜进供应链再到我们的盘子里是非常容易而且极其平常的事，其中就包括了产子季节非法捕获的鱼类和无脊椎动物。

如果你在北美跟两个朋友坐在一家餐馆里，而且都点了海鲜，你们中的一个可能会点一条贴错标签的鱼。这意味着高价的"当天渔获"很可能是一条便宜的罗非鱼。更令人担心的是，它也意味着你食物中的养殖虾可能是由奴隶从海上抓来用来喂鱼的。人口贩卖和其他社会弊病遍布于全球海鲜产业，直到最近才开始被揭露。这些广泛分布的犯罪行为甚至分布在主要的食品供应链上，比如沃尔玛、科思科（Cosco）和特斯科（Tesco）连锁超市。

每年会有价值达100亿～230亿美元的非法、未申报以及不受管控的鱼以各种方式进入全球海鲜供应链，在一些渔业机构中甚至占到总捕捞量的40%。无论是非法的鱼还是错误标识的鱼，问题的关键是食品生产系统，它把优质蛋白的东西变成了一种秘密商品。太多的秘密使人很难知道你盘中的海鲜是不是造成了海洋深处的繁殖灾难。

　　有一个方法可以保证你的海鲜不仅是有利繁殖的而且是对社会和环境负责的，那就是去买一条你比较了解的鱼，一条带着故事的鱼。和几年前相比，这在今天是一件容易得多的事，多亏几个新创举提供了与你的海鲜来源密切相关的信息。以生态支持型渔业机构（CSFs, Community Supported Fisheries）为例，它仿效了更知名的生态支持型农业（CSAs, Community Supported Agriculture），出现在北美的海岸小镇，为消费者提供了一个支持本地可持续捕捞（遵守禁渔期、体长限制和配额限制）的机会。通过直接从渔民手中采购，消费者可以了解鱼背后的故事。生态支持型的渔业机构也已证明可以降低海鲜购买所产生的总碳排放量，并且与当地商店购买相比，提供了更加多样化的选择。

　　通过给可持续海鲜在海鲜市场或者餐馆提供认证，尖端科技使带着故事的鱼成为可能。举个例子，圣地亚哥厨师罗布·鲁伊斯（Rob Ruiz）为他的寿司卷创造了食物二维码。它们是由糯米纸和大豆酱油组成的，用餐者可以用智能手机扫码，然后在为辛辣的金枪鱼卷蘸酱之前，读取它们背后的故事。对于那些喜欢在家里吃海鲜的人，像加拿大的"此鱼"（This Fish）和欧盟的"鱼的足迹"（Follow fish）等公司提供海鲜时，也在包装上带上相似的二维码——扫描后你会发现，其中不仅有海鲜的名字，而且还有给你带来这顿饭的渔船的名字。墨西哥湾的"野性之湾"（Gulf Wild）品牌也针对12个物种提供了同样的信息。因为鱼鳃上的标签有捕获物的相关信息，所以系统保证了每条鱼都来自参加项目的渔民，而整个项目承诺从事负责的渔捕行为。

供应链透明化：可追溯的交易记录

用来帮助促进海洋动物交配的不仅仅是前面提到的那些技术。不要担心，我们并不是要讨论性玩具。这一节将突出展示人们正在进行的努力，包括确保你所吃的海鲜就是你想要的，还有如何阻止非法的鱼类进入你的餐盘。

为了让有故事的鱼成为可能，必须有可靠的系统通过供应链来追溯海鲜的故事，包括从养殖地和捕捞地到你的餐盘的所有故事。目前这些幕后工作由非营利性和产业性组织在处理，目的是为了从海鲜供应链中连根拔除欺骗性的错误标识、非法的捕捞和奴役。它也允许作为消费者的我们来区分和奖励——通过支付溢价从有责任感的渔民中得到的可靠渔获物。

从历史上来说，可追溯性成为更加可持续的渔业管理的最大障碍之一：声名狼藉的老式海鲜供应链仍旧依靠纸上的交易记录，但是未能沿着冗长的、纷乱的全球海鲜交易踪迹传递出信息。新的追溯技术体系正在改变这种情况，主要通过提供可证实的、透明的个人历史记录，即提供海鲜的历史记录。这就像一个基本的背景调查：这些体系保证标注有"可持续"的产品不隐藏任何肮脏的秘密。虽然还有许多事情没有做，但是目前的事实是企业参与进来了，技术公司参与进来了，并且取得了进步。这在以前从来没有发生过，这些进步给了我这样满脑子都是鱼的人一个信奉海洋乐观主义的理由。

水产养殖：海鲜也可以来自养殖场

可持续的水产养殖业发展有助于减轻野生物种的压力。之前做过渔民现为"顶针岛牡蛎"创建者的布伦·史密斯（Bren Smith）已经开始他所谓的3-D 海洋养殖。通过从海面吊下的绳子上挂着的快速生长的海藻（如海带）

和贝类（如牡蛎、贻贝和蛤蚌），他的养殖场净化了当地的海域，同时帮助贝类避免了本来会在海底埋掉它们的沉积物。海带吸收了二氧化碳，成了碳储藏罐，同时也从水中过滤掉了氮元素和其他污染物。绳子和袋子上悬挂的贝类也改变了养殖场周围的水质，帮助幼鱼创建了一个安全的栖息地。

最终，养殖场恢复了环境同时产出一系列海鲜产品。史密斯与当地的厨师合作开发了新的牡蛎菜肴、海带面条甚至还有海带冰激凌和鸡尾酒。他还与耶鲁和康涅狄格大学的研究人员合作，把养殖场当作活的实验室，测试了将食物生产系统转变成栖息地恢复系统的新型海水养殖方式。最后，通过养殖场的非营利部门"绿波"（Green-Wave），史密斯与其他人分享了他的模式，目的是为了在全世界创建一支可持续海鲜养殖队伍。模式的关键是贝类，它们可以快速生长，繁殖数量可观，并且还能改善其他定居物种的栖息环境。

纵观全球，人们正在努力实现更加可持续的鱼虾养殖，结果喜忧参半。鱼虾可持续养殖的最大障碍之一就是持久地依赖从野外捕来的物种作为饲料，比如鳀鱼和鲱鱼。每养殖一公斤鲑鱼估计约需要 4 公斤饵料鱼被磨成粉用作饲料。如果我们直接吃饵料鱼，这些鱼就可以喂养更多的人。我们并没有充分利用这些成群的银色鱼作为人类的食物，但是目前作为鱼、猪和鸡的养殖饲料，它们却被过度利用。把这些鱼做成饲料的压力甚至导致这些快速生长、性活跃的物种也达到了它们的极限。为了解决这个问题，私人和公共的资金渠道正在往研究工作中投钱，这些研究工作尝试用替代的蛋白质来源作为饲料，包括大豆和亚麻仁在内的植物蛋白、昆虫以及鱼油提炼厂的剩余物。与此同时，也出现了持续性最好的水产养殖，也就是说产品不需要饲料输入，比如甲壳类就是这种情况，或者饲料中不需要添加鱼粉或鱼油就可以生长。素食鱼与淡水的鲇鱼和罗非鱼可以达到这个目标——虾也可以，如果它们的养殖没有破坏当地的红树林栖息地。这意味着虾可以养在陆地的水箱里。

最后，针对一些几乎消耗殆尽的海鲜食物进行养殖可能是拯救这个物种唯一的机会。和针对濒危白犀牛的圈养繁殖计划一样，加利福尼亚大学博德加海洋实验室正率先试图挽救极度濒危的白鲍鱼。为了让雄性和雌性在水箱里产子，经过几乎十年的失败尝试，科学家在 2012 年有了突破。克里斯廷·阿基利诺博士（Dr. Kristin Aquilino）是白鲍鱼项目的首席研究员之一，取得进展时她就在那里："我们把鲍鱼各自放进木桶里，然后开启所有程序来尝试让它们产子。"阿基利诺告诉我，这个程序包括演奏一些巴瑞·怀特的歌曲来帮它们调整情绪，最后加一点温和的过氧化物到海水中——科学家认为这可以模仿鲍鱼在野外释放的化学信息素。然后科学家们只要等着就行了。"雌性产出了几枚卵子，接着我们只需要其中一个雄性来产出精子就好。"阿基利诺焦急地从一个木桶走向另一个木桶，不断地贴近观察。这时她看到了，少量的一股乳白色液体从其中一个雄性的底部漂了出来。"要不是我拿了一根移液管在手里并把它吸了上来，我很有可能就错过它了。"精子数量极少，几乎只够一半的卵子受精，但那也够了。"这是我经历的最接近奇迹的一件事，"阿基利诺叹了口气，"从那少量的爆发中，我们孕育出大约 20 个新的个体。那真是一件了不起的事。第二年，大概有 120 个，再接下的一年有 2000 个。今年，可能已经超过 5000 个。数字不断在增长。"

尽管在他们培养出成千上万的个体并有可能恢复种群之前研究人员还有很长一段路要走，但是过去四年里所取得的重大进步使我们有理由对他们寄予厚望——对北美洲西海岸的鲍鱼来说，一线曙光照进了那段曾经黑暗的历史。随着持续的成功，在不久的未来我们很有可能有机会见证白鲍鱼重返野外的那一刻。

给它们一些隐私：大范围海洋保护区的兴起

大范围分散我们的需求，肯定可以有助于物种的恢复。但是在全球范围内海洋环境的恶化也需要我们规划一些区域，在那里海洋生物可以不被打扰，能够进一步恢复和兴旺。和我们在陆地上做的一样，我们需要留出避难所，由此可以丰富海洋生态系统的资源，增强恢复力。

美国的第一个国家公园黄石公园是于1872年建立的，第一个海洋保护区于1972年建立在海军军舰"莫尼特号"沉没的遗址上。今天，水下海洋保护区项目仍然落后于陆地项目：陆地保护区域占了陆地的10%～15%，但是海洋保护区只占海洋面积的2%～3%。即使在这么少的数量下也只有大约1%的海洋是完全被保护起来的，并被叫作"海洋自然保护区"——向所有开发行为，如捕捞或者石油和天然气运营都不开放的区域。

对于正在寻找一个浪漫短假的鱼、鲨鱼、鱿鱼或者螃蟹来说，海洋保护区提供了一个完美的目的地。但是不是所有海洋保护区都一样？规模、管理的程度和保护的持续时间都会影响一个保护区在恢复海洋物种方面的贡献；从历史经验来看，保护区太少、太小，而且执行得不充分，实际上没什么用。但是在过去的10年间，这个开始改变。2004年，大堡礁海洋公园（面积接近德国）把完全保护区域扩大到了整个公园的1/3。从那时起，在自己领海范围内认定大型（大多至少有100 000平方千米）海洋保护区的国家越来越多。后期的多数保护区是完全禁止捕捞的，这些新的保护区对之前保护不力的物种提供了保护：大型、快速移动的鱼类和鲨鱼。许多保护区还包括大片的多样化的、邻近的栖息地，如海草场、红树林和珊瑚礁，在那里，占据不同生态系统的性隔离种群都能受到保护。它们同时也保护了会长距离穿越的物种的巢区，如石斑鱼，它们会从巢穴转移到产子点。

除了上述效益，在特别偏远的大型保护区也提供了另一个独一无二的机会：当我们观察这些鱼时，它们不会逃跑。没有了恐惧感再加上更高的（且更自然的）物种丰度，很容易有新的发现。科学家第一次观察到雄鱼在争夺统治权中用头暴力地撞击另一条就是一个例子。这是一种有蹄类（比如鹿、猪和山羊）才有的行为，类似的攻击性争斗之前在鱼类中没有见到过。但是2011 年，驼背大鹦嘴鱼给我们进行了一场表演，就在一个偏远且受到保护的中太平洋海岛周围的礁石旁。毋庸置疑，鱼类也可以像大角羊一样用头互相撞击。

驼背大鹦嘴鱼作为珊瑚礁上最大的食草动物可以长到 1.5 米，重量可以超过 75 千克，足足有一个成人那么重。严重的过度捕捞遍布它们的活动范围。直到科学家在威克岛附近听到刺耳的撞击声并且看到驼背大鹦嘴鱼之间相互撞击，反复较量之前，他们一直把驼背大鹦嘴鱼用它们坚硬而平整的前额撞击大块珊瑚的行为看作它们捕食行为的一部分。

在其他地方，种群可能太小而不能保证这种攻击性的竞争。但是在威克岛，浓密的鱼群会引起战斗。雄性从平行的游动开始，似乎是在估计对方的大小。过了一会儿，它们游开去，然后快速掉头，面对着对方，像决斗前的枪手。接着，它们加速向前、碰头，多达四次，直到一个被击败（并且可能头晕目眩）的雄性让步，然后游走。这种行为与破晓前的产子冲锋相一致，表明在产子区域内雄性可能会撞击头骨来赢得领地。

作为太平洋偏远岛屿海洋国家保护区的一部分，威克岛包含有几座岛屿，覆盖了 127 万平方千米。作为窗口，它和其他类似的海洋保护区拥有巨大的价值，甚至可以观察到一些海洋中最著名成员的约会策略和交配策略。

保证安全：保护海洋中的性的技术

如果你想到的是巨大的鲸用避孕套，那你就错了，这不是那种类型的保护。我们讨论的是高科技设备可以提供新的方式来监视和研究我们与海洋生物的相互作用，特别是价格实惠而且容易操作的"间谍软件"的出现使得在广阔而偏远的海洋保护区巡游成为可能，并且让我们可以看到远在外海的捕捞活动。

帕劳共和国包括8座主岛和大约250座小岛，总面积不到466平方千米。不过，它的领海包含了大约60万平方千米——一个接近法国国土大小的面积。这么小的一个国家在这么大的海域里怎么执行渔业法律？直到几个月前，依然没有好的答案。但是今天多亏了一些离海面几千千米高的卫星的帮助，他们做到了。

有一个工程叫作"海洋之眼工程"，由皮尤慈善信托基金（Pew Charitable Trusts）发起，结合了基于卫星的船舶跟踪信息与定向技术，以帮助政府鉴别和起诉海域内的非法捕捞。所有超过一定尺寸的船舶要求使用一种自动识别系统，它能传送的信号包含独一无二的船舶标志号（像一个汽车的车辆识别号码）和一个GPS定位信号。皮尤的"虚拟监控室"目前监视着智利复活节岛和帕劳领海周围的活动，帮助这些政府确保对广阔的海洋资源的保护，即使处于偏远的位置。

在一项补充的工作中，公益组织"空中真相"（Sky Truth）正与谷歌和公益组织"奥希阿纳"（Oceana）合作发展"全球捕捞监测"，这是一种基于网络的工具，用来监测全球范围内的捕捞活动。它和皮尤一样使用自动识别系统数据，但是方式不一样。目前，由自动识别系统记录的成千上万的数据点全都汇入巨大的云存储当中，这使得它难以区分渔场中来来回回的船是在从事捕捞活动还是运输活动。"空中真相"正在开发一种算法，可以基于渔船的移动确定发生的作业种类（如底拖作业或延绳钓）。这种存取开放的数据通过在线公共门户网站就可以使用，让观众在他们国家海岸附近的潜水点周围，或者任何他们可能有兴趣探索的地方来帮忙监视渔船的行为。通过开放这一数据，"全球捕捞监测"打算利用公众的力量来鉴别可疑船只。人们也寄希望于这一系统，希望能汇编关于捕捞活动数量、捕捞种类、捕捞时间、捕捞位置等信息。尽管这些卫星技术解决方案正在起步阶段，但是它们依然有望改变游戏规则。

从最高级的生物到亚细胞层面，DNA 检测技术等新工具也被用来更好地执行渔业的规章制度。对于任何规章制度来说通常都是这样的，只有能执行的规则才会有效果。2014 年，鲨鱼的五个新种类加入了《濒危物种国际贸易公约》的附录 II 中，以限制这些物种和它们器官的国际贸易。最近列入附录 II 清单的鲨鱼种类数量达到了八种，包括大白鲨和三种双髻鲨。这种国际协定在这些濒危物种的保护中是向前的一大步，但是它也面临着执行方面的挑战。

每年大约有 6300 万条鲨鱼（也可能有 27 300 万条之多）被捕上来，主要用于供应鱼翅市场，因为这道菜在亚洲文化中是身份的象征。向这个市场供应鲨鱼翅是一种极为浪费和可怕的行为，因为渔民在船上割下鲨鱼的鳍，然后将仍旧活着的身体扔回大海，在那里它们会失血而死或者因没有鱼鳍无法游动而窒息。

在初步加工阶段，鲨鱼鳍会被风干，然后连皮一起运输到亚洲（运用新研发的鲨鱼鳍身份指南，训练有素的海关官员可以从这些鳍上鉴别出种类，再用 DNA 测试来验证）。下一个步骤就是去掉皮肤，再用化学物质漂白产品，这样就无法用肉眼判断种类了，然后再将 DNA 破坏，导致标准的基因测试失灵。但是，纽约州立大学石溪分校的德米安·查普曼（Demien Chapman）和芝加哥菲尔德博物馆的凯文·费尔德海姆（Kevin

Feldheim）等研究人员开发了一项新技术，只需要用到部分的 DNA 序列。

到目前为止，"迷你 DNA 条形码"测试可以成功地在加工阶段后期鉴别出八个鲨鱼种类里的七种，甚至有几次成功地鉴别出已经进入汤碗里的种类。相似的 DNA 测试被用到鉴别全球范围内的饭店和商店中错误标识的海鲜。

另外，遗传学为海洋中最大的漫游者的路线图的绘制提供了帮助。例如，遗传学结合加拉帕戈斯群岛和智利附近的一条蓝鲸的取样照片，证明了这条鲸迁徙了大约 5000 千米的距离，这是所有南半球蓝鲸移动距离记录中最长的。这一信息有助于研究人员为这些远程物种鉴别关键的栖息地，包括繁殖地。这些数据也有助于建立海洋保护区网的努力，使其能有效保护这些仍然濒危的种群。

科技也能用于帮助鲸通过安全通道进出它们喜欢的栖息地。船运交通近年来在马萨诸塞湾的斯特尔威根海岸国家海洋保护区增长非常快，也增加了船舶对那些欢闹的而且高度濒危的北露脊鲸的撞击风险。这群露脊鲸目前数量大约是 490 条，损失任何一个个体，特别是一个成年雌性，对物种未来的生存会造成巨大的影响。通过研究产业的合作关系，康奈尔鸟类学实验室的生物声学研究项目和伍兹霍尔海洋研究所中的科学家开发了一系列智能浮标，它们可能探测到鲸在 5 海里外的呼唤，然后向接近该区域的船只发送警报。然后船长可以放慢船只速度并布置警戒，降低船舶撞击的风险。这个倡议提供了一种模式，可以在世界的其他地方被复制，即那些有船舶进出繁育和采食场，会给鲸带来危险的地方。

作为堡礁环境教育基金的"石斑鱼月亮计划"（Grouper Moon Project）的一部分，监听站仍在持续帮助破解石斑鱼狂欢背后的动力。这些数据显示了鱼什么时候开始向产子场洄游、从哪里来、会待多久以及到哪里去。为了努力教育当地公众关于保护这个大型产子集会的重要性，研究人员通过与当地学校紧密合作，为孩子提供教育，让他们理解家乡的海水中发生的这一独特的事件。基于这些努力，2011年开曼群岛政府将季节性的禁令又延长了8年，针对的是在拿骚石斑鱼产子地的捕捞。迄今为止，禁令看起来是有效的，有信号表明个体的尺寸有所恢复，新的"未成年人"进行了它们的第一次产子，并且相对于禁令开始生效的2003年，鱼的数量几乎翻了一倍。

今天，研究人员沿着全世界的海岸线部署了越来越多的声学阵列，这有助于增加我们对物种在产子地和采食场中往返迁徙方式的理解。这些声学阵列正提供一种全新的方式研究物种——通过监听它们去哪里，以及它们一路如何（以及是否）交流。

因地制宜：关于有价值区域的海洋管理

当然，不是每一块海域都能被隔离成一个海洋保护区，我们也不需要这么做。海洋区划要注意到海洋资源的多种用途并争取像管理陆地区域一样管理海洋区域，不同的区块允许不同的活动。其中要考虑海洋物种的重要栖息地，包括繁殖地和哺育场所，以及传统的渔场，其他开采活动以及娱乐和文化用途。在全球大多数地区，还没有对近岸和离岸的海洋资源的此类整理；鱼类被当作单一的物种管理，而且经常不同的政府机构管理不同的行为，相互合作极少。

维特研究所的"蓝色光晕"（Blue Halo）项目就是这样的例子，代表了这种传统碎片式的方法如何可以被更全面有效的方法取代。这个2012年发起的项目通过与岛国合作来鉴别和完成其目标，对离岸3海里内的全部领海进行海域使用和管理。经过初步的努力，项目已经成功地在巴布达岛签署了海洋管理法案，而且最近在库拉索岛和蒙特塞拉特岛进行了启动。较小的保护区也能取得成功，特别是那些已经实施了好几年的。卡布普勒莫国家海洋公园就是这样一个成功的故事。它坐落在被雅克·库斯托称作"世界水族馆"的地方。生活在墨西哥巴哈半岛东南角的渔民们注意到经过几十年的过度捕捞，他们赖以生存的古老岛礁已经被掏空。为了试图从完全崩溃中挽救这个生态系统，当地渔民组织起来并向墨西哥政府请愿创建一个海洋保护区，包括一大块非作业区域。

这是一个依赖于当地公众的参与和执行的大胆举动。它大约用了5年时间才出现恢复的迹象，1999—2009年，海洋保护区的鱼相比于附近水域有了惊人的增长（463%）。大大小小的鱼陆续回来了，壮观的产子集会也回归了，包括石斑鱼和鲷鱼等。这种定向的办法可以用来保护特定的有高价值和极为脆弱的区域，也可以用于保护海底山——尤其是与拥有更先进监测能力的新型技术相结合后。完全保护并不总是必需的，但是针对敏感的栖息地以及不断增长的压力（如，现在的技术可以打开海底山用于采矿活动），需要更封闭和对使用权严格控制的方式。

当与其他渔业和海岸开发的规章制度相结合的时候，小型保护区的战略性设置以及恰当的执行可以达到很好的效果。追溯到20世纪90年代，雌性"笑话石斑鱼"（是的，它们真的叫作笑话石斑鱼，gag grouper，学名小鳞喙鲈）的未来面临着重要挑战，它们需要设法在雄性个体少于5%的集会中产子。作为一种雌性先熟雌雄同体，它们出生时是雌性的，然后在10或11岁转变成雄性。随着时间的流逝，渔民已经优先地抓走了多数大个儿、性成熟的雄性而且也抓走了许多较大的雌性，正是这些雌性最终会变成雄性。由于雄性少得可怜，不可能产生足够的精子供给雌性的卵子受精。雌性笑话石斑鱼成熟后带着卵子出现在派对上，但是多数都无法孵出。为了解决衰退和性别偏移问题，管理人员决定在产子的几个月内进行季节性封闭。这样就可以允许成体专心地交配而不被美味的诱饵分散注意力。此外，已知的用来庇护大型性成熟雄性的小块区域已被永久封闭，不对渔业开放。近年来，这些措施与每年的捕捞限额相结合已经证明笑话石斑鱼在南大西洋和墨西哥湾有所恢复。

他们的生计：支持渔业的替代行业

减少捕鱼活动说起来比做起来容易，尤其是面对产子集会的时候，因为许多渔民正是以这些集中捕捞作为他们收入的来源。找到替代的生计支撑是创造有效政策的关键，并有助于物质上鼓励遵守规章制度的行为。一个可能的方式就是把渔民转变成为那些想溜进产子地偷看性交的潜水者的付费导游。用这种方式，一条鱼年复一年地产子可以比一次钓上来卖掉给渔民带来更多的美元。伯利兹和古巴都试验过这种方式，训练渔民参与旅游业和娱乐性渔业，取得了一定的成功。

类似地，水下生态旅游产业的兴起为海洋物种保护的商业获利提供了机会。从巴哈马到马尔代夫，这些岛国中定居的鲨鱼种群推动了潜水行业，每年产生几百万美元的收入。在帕劳——第一个在它所有领海范围内禁止鲨鱼商业捕捞的国家——最近的经济评估估计一条定居的鲨鱼一生可以产生将近200万美元的价值，而切除鱼鳍和卖作鱼肉只能获得几百美元。总之，活的鲨鱼可能给帕劳带来至少8%的GDP。从鲨鱼潜水到观鲸，研究表明许多海洋物种活着比死了有价值得多。这种海洋物种的价值再评估有助于在全球范围内建立更多的保护区。在过去的几年里，十多个国家加入帕劳的行列，禁止在自己的海域内进行鲨鱼商业捕捞。当你选择度假目的地时，尤其是考虑娱乐性的潜水时，请考虑把你们旅游的钱花在这些国家，他们正努力保护我们的海洋资源。

生态旅游并不是在哪里都可行的，这时就需要发展其他方式的补偿。在食物链的另一端，有一个"生态创业"的例子。来自印度尼西亚巴厘岛南部色拉岸岛的社会企业家韦恩·帕托（Wayan Patut）创造了一种新的商业模式，帮助渔民转变成珊瑚养殖户。大的度假胜地发展项目摧毁了当地的珊瑚礁后，帕托与当地渔民的孩子约定建造小的珊瑚养殖场，在珊瑚礁周围，也就是他们父母用炸药等破坏性的捕捞工具来捕鱼的地方，养殖他们的珊瑚。这是一个聪明且有意为之的策略。渔民会被孩子恢复栖息地的努力所感动，而且炸鱼会不小心损坏孩子的珊瑚花园，他们于是也慢慢开始自己学习养殖技术了。帕托创造的合作社现在养殖珊瑚卖给水族贸易行业，同时也会移植到野外的珊瑚礁上。通过为水族贸易行业提供珊瑚碎片以及珊瑚鱼，再加上当地养殖场的潜水旅游所产生的收益，渔民的收入可以得到提高。他们现在的谋生方式可以帮助建立珊瑚礁而不是炸掉珊瑚礁。珊瑚养殖背后的科学正在以快速的节奏发展，全球有数十个培育基地正积极培育珊瑚虫，然后移植珊瑚碎片到受损的而且正在恢复中的珊瑚礁上，希望促进当地种群数量的提高。科学研究提高了繁殖技术，培育珊瑚的成本下降了，养殖也因此变得更加人性化。举个例子，基于碎片形状和大小，佛罗里达莫特海洋实验室找到了加快生长速率的方法，同时澳大利亚研究人员正在进行实验，培育可能对气候变化更具耐受力的珊瑚品种。珊瑚养殖的兴起已经引起了一种日益活跃的"志愿精神"：珊瑚礁参观者可以参与到生长和移植项目中。这些方法已经为具有生态意识的企业家打开了大门，从而建立海洋友好型商业。

达到自然状态：解决污染和沿海开发问题

交配最好发生在自然状态下。对于海洋物种，这意味着栖息地要远离塑料和污染。这些东西会引起不自然的性转变，或者打断繁殖。即使在海里，每个人也都喜欢干净的"床单"。

迄今为止，干扰内分泌的化学物质的不断增加与以下现象密切相关：普吉特海湾的英国鳗鱼产子延迟、巴斯克沿海的雄胭脂鱼的雌性化、环斑海豹的不育、部分甲壳类雄性的去雄性化、部分雌性的雄性化（长出阴茎的海螺）、鳕鱼卵子数量的下降，当然还有福特博士在苏格兰海岸发现的奇怪的双性端足目。即使30年前已经被禁用，多氯联苯还在作祟，导致港湾鼠海豚的繁殖失败，同时养牛产业中使用的激素似乎使热情、爱调戏的雄性孔雀鱼变成了偷偷摸摸的强奸犯。此外还有对海洋生物间交流的影响：来自废水、水下油管渗漏、大型石油泄漏事件的化学污染物可以干扰交配成功率，原因就是它们掩盖了经常漂荡在海里的化学信号。

至于无处不在的塑料，最近的研究估计每年会有50亿～120亿千克从陆地进入海洋。海洋污染物的减少通常关乎的是政策和行为的改变。这种改变可以在全球和局部范围内产生巨大的影响。世界范围内对塑料袋的禁止就是从局部努力走向全球的一个例子。完全禁止的就有意大利和科特迪瓦等国，而在美国、澳大利亚、巴基斯坦和印度都颁布了城市级别的禁令。所有这些努力大量减少了进入填埋场和海洋的塑料袋数量。类似的还有，在美国，州和联邦两个层面都在进行立法试图禁止塑料微珠的使用。这些微珠被用作化妆品、牙膏和肥皂的研磨剂，它们是如此之小，可以直接穿过城市的水处理设施奔向大海，在那里它们可以累积毒素或者进入海洋生物的肚子里导致其营养不良。

最近的数据显示，高达80%的塑料污染物来自20余个中等收入、快速发展的国家，原因就是这些国家缺乏有效的废物管理系统。实际上这是一个好消息，因为它意味着如果集中改善这些目标国家的处理设施，就能在未来实现海洋污染的大幅下降。

至于那些已经存在于海里的污染，要将这么小的颗粒过滤出来几乎是不可能的——任何可以捕捉如此微小物质的手段也会带走所有食物链赖以存在的重要浮游生物。这也是目前海洋管理的最大挑战之一。不过另一方面，在处理大块垃圾方面我们有所进步。

在夏威夷，有一个叫作"能源之网"的新型项目，可以将海洋垃圾转化成海岛可以利用的能源，这个方法被当作一种出色的模式推向其他地区。美国国家海洋和大气局的海洋碎片项目，同其他公益组织、私人企业和渔民一起收集废弃的渔网。这些渔网会阻碍珊瑚形成、威胁到野生动物，还会拥堵海岸线。之后，渔网被磨碎成小片并放在废物转能源的设备中焚烧，产出蒸汽为涡轮机提供动力。到目前为止，一年有超过800吨的渔网被转化成能源，可以为300户家庭供能。

常言道，人多好办事。2014年，作为海洋保护的国际海岸清洁运动的一部分，91个国家50多万人，也就是超过100万只手，捡起了多达700万千克的垃圾。这是一个为期30年的志愿项目，目的是要捡起并记录全世界沙滩上的垃圾。除了清理海岸，这个项目也收集每片垃圾的数据，帮助科学家研究垃圾是如何穿过海洋的，以及我们可以做什么使影响最小化。

禁止有害化学物质的全球性行动不仅发生在海滩。还记得长出阴茎的雌性海螺吗？引发不幸的罪魁祸首是三丁基锡（TBT），这是一种普遍存在的有毒化学物质，在船底的油漆中就可以发现。全世界对三丁基锡的禁令于2008年生效，尽管实际上船舶工业严重依赖这种用于防污的油漆。最近的报告显示，这项禁令好像起到了作用，在雌性海螺群体中，阴茎的生长有下降趋势。同样在美国，更严格的针对燃煤排放的规章制度显著减少了排放到空气和海洋中的汞。我们发现东海岸附近的顶级捕食者竹荚鱼体内的汞含量比预期的下降得更快。

我们还有其他方式来提升海洋生物的自然条件，特别是在沿海区域。重建牡蛎礁工程就是这样的一个例子。从特别设计的混凝土块到装着老牡蛎壳的袋子，用初始礁体可以帮助小牡蛎离开泥泞的海底，并且为野生牡蛎幼体提供了一个更有吸引力的栖息地用于定居和生长。拥有海滨房产的人们也加入了这场"牡蛎园艺"中，他们将一袋袋牡蛎幼体挂在码头上，提供了一种防护的方式来培育小牡蛎长成更大的个体，然后把成熟的牡蛎放归到修复场所。人们给出的其他帮助牡蛎的方式还包括牡蛎壳回收项目，比如由马里兰的牡蛎恢复合作社和路易斯安那沿海恢复联盟运营的项目。用餐者在参加项目的饭店啜食牡蛎后，会让有价值的牡蛎壳返回到海里（而不是垃圾场），在那里它们可以建立礁体并吸引野生的牡蛎来定居。在马里兰，回收壳的企业甚至可以抵税。实际上，马里兰现在声称要建世界上最大的恢复性牡蛎礁，面积达130多万平方米。这个礁体大约由10亿牡蛎组成，它们首先在实验室里精心培养，然后放置在从垃圾堆回收来的壳里，等它们长到足够大的尺寸，再放回海水里。它们构成了一个巨大的方案——用牡蛎净化污染物，而正是这些污染物给曾经富饶的切萨皮克湾带来过灾难。

　　相对于人造的混凝土壁垒，活体障碍物的多重好处越来越凸显，更多的地方，从得克萨斯到纽约，把牡蛎礁恢复当作一种聪明的投资——不仅能恢复海岸防护，而且能改善水质、提高渔业和娱乐价值的投资。

为性创造条件：阻止最极端的气候变化

　　阻止气候出现最坏的局面需要全球最高级别的政府协作，这并不容易达成。不过，还是有理由期待的。海洋被证明有着比当初设想的更强大的恢复能力。请不要搞错：如果我们对海洋化石燃料的使用仍旧不加抑制，结果还是会很可怕的——比如，据我们所知，珊瑚礁会不复存在。但是海洋生物的适应能力表明我们仍然有时间走上正轨。比如，更高的温度可能会偏移许多物种后代的性别比例。不过在珊瑚鱼的近期实验中，亲代会在两代内解决这种不平衡——出生在更热的水中的鱼会进行调整，产出比例更平衡的雌雄后代。这些研究显示了在性别决定上这样的可变性或许会让物种在气候变化的影响下变得脆弱，但也给我们争取了一点时间，因为物种有能力适应较小的改变而不至于导致对种群产生不可逆的伤害。

海洋保护区也有助于种群从气候导致的影响中恢复。太平洋海岸的下加利福尼亚附近，受完全保护的保护区里的鲍鱼种群衰退的程度不像保护区外面那么明显。虽然同样经历了严重的低氧事件（这种现象会随着气候变化而更频繁），但为保护区内成体鲍鱼更高的起始密度和更大的尺寸提供了有效缓冲。足够多的鲍鱼得以幸存了下来，而且较近的距离可以实现成功产子从而使种群得到补充，这样就会比保护区外面恢复得更快。保护区内的繁殖速度高得足以推动幼鲍在保护区外围边界安顿下来，也就是所谓的"溢出效应"。

类似地，在加勒比海管理良好的岛礁区域，特别是那些健康的鹦嘴鱼种群，表现出对升温的负面影响有抵御作用。这些发现显示了局部作用可以对生态系统的长期稳定产生影响。

如果我们可以用行动来阻止最极端的气候变化，海洋生态系统仍然有希望。和陆地不一样的是，在海洋中真正的灭绝极少发生，而且如果管理得当，即使是捕捞过度最甚的物种，如座头鲸或者美国西海岸的岩鱼或者北大西洋剑鱼，也可以显示出从危机边缘恢复的迹象。

海洋：性感的野兽

海洋中的性故事各式各样且令人忧虑，故事中包含了海洋中多样而壮观的生命延续方式，但是这样的多样性也给管理带来了无数的挑战。好消息是大自然站在我们这边。

繁殖的欲望是如此强烈，它推动着地球上一些最极端的行为：它会驱使鲸和海龟在大洋盆地纵横往返；迫使一个雄性自断生殖器；说服雌性放弃水中的家园而上岸受捆绑。这是一种不可忽视的力量，我在面对海洋生物遭遇的无穷威胁时，也从中找到了灵感。

举个例子，我正在写这本书的同时，温暖的夏夜空气提醒我：加勒比海中心的海面下，某个地球上最濒危的生态系统有可能将要喷发了。就在这一周，几百万珊瑚虫正在对它们的一团团精卵做收尾工作，把一年来储存的能量包在水红色的球状包裹中。现在，这一团团小东西开始了它们无声的旅程，从珊瑚身体深处朝着嘴上的微小开口向上，缓慢而稳定，它们将要向着海面上升。

很快，几天之后就是中秋满月，石星珊瑚会在一个完美的、仪式般的性同步中释放千百万个配子，这个仪式已经持续了上千年，之后也将一年一年地继续下去。了解这件事并亲眼看到发生的过程，是一种深深的安慰。在目睹大自然一年年如此优雅、精确的周期循环后，你会觉得这里面存在着某种神圣的东西，即使它正遭遇着不同寻常的改变。我们必须保证人们依然能够认识到这一点，这是我们的机会也是我们的责任。它们仍然在那里，虽然威胁重重，但是珊瑚还在产子。如果还有什么事情值得怀抱希望，就是这件事。

| 鸣 谢 |

和鲸的阴道一样，我写作本书的过程漫长而曲折。在此有诸多感谢要送出。

这本书中的故事反映出了许多科学家的专业知识，他们亲切地付出他们的时间同我交谈，分享他们的著作，从遥远的野外监测站通过邮件发送想法并且为本书贡献图片。正是他们的奉献为我们提供了数据，他们的坚持推动了专业领域的发展，他们的洞察力提供了更易于理解和加工的原材料。对你们的时间、你们的幽默感、你们的直率和你们的耐心，我要衷心感谢：Octavio Aburto-Oropeza, Kristin Aquilino, Jelle Atema, Andre Boustany, Demian Chapman, Phillip Clapham, Diane Cowan, Ted Cranford, Peter Dutton, Brad Erisman, Kevin Feldheim, Nicole Fogarty, Alex Ford, Peter Franks, Jim Gelsleichter, Dean Grubbs, Kristin Gruenthal, Juliana Harding, Phil Hastings, John Hildebrand, Henk-Jan Hoving, Ayana Johnson, Peter Klimley, Nancy Knowlton, Don Levitan, Mark Luckenbach, Elizabeth Madin, Kristin Marhaver, Bruce Mate, Steve Midway, Paul Olin, Dara Orbach, Steven Ramm, Victor Restrepo, Greg Rouse, Yvonne Sadovy, David Siveter, Dan

Spencer, Josh Stewart, Bob Warner, 以及 Jeanette Yen。

特别感谢 Sarah Mesnick, 自 2005 年起, 我就与她不断交流海洋中持续展开的各种性策略, 我很享受这一过程。感谢您的教导, 特别是您对从鳕鱼到白鲸的这些野兽性生活的热情。

非常感谢"空中真相"(Sky Truth)的创始人 John Amos, 让我见识到了日新月异的卫星技术。还要感谢 Bren Smith 和 Barton Seaver 多年来关于如何针对可持续海鲜的挑战构建解决方案的数次谈话。

对 Samuel Gruber 博士致以迟来的感谢, 给了一个疲倦的年轻人一个千载难逢的机会, 加强了我对鲨鱼的爱。由衷地感谢我的博士导师 Jeremy B. C. Jackson 博士, 他, 一个真正多才多艺的人, 并且是离经叛道的科学家, 冒险从事了科学史专业。多谢您给我成为海洋生物学家的机会, 特别是教会我从数据中寻找故事。Carl Safina 博士, 感谢您的师生之谊, 教会我科学传播的艺术。

多谢我的代理人 Michelle Tessler 引领我通过这个崭新而且陌生的领域, 让我的手稿找到归宿。还要感谢我的编辑 Elisabeth Dyssegaard 和圣·马丁出版社(St. Martin's Press)的全体员工的支持和耐心, 帮我这样一个初出茅庐的作者解决了问题和障碍。

在海洋中当场捕捉到交配行为并不容易, 通过非凡的耐心和天赋, 以下几位摄影师揭开了朦胧海面之下到底发生了什么(或至少提供了线索)。他们大多有漂亮的网站, 我建议读者可以去浏览一下, 在你感到窒息的时候, 这些作品特别能抚慰心灵。我很荣幸能在书中展示你们的艺术并且感激你们在帮我收集图片时显示出来的慷慨精神。最热情的感谢送给 Octavio Aburto-Oropeza, Tim Calver, Bryce Groak, Jillian Morris, Raphael Ritson-Williams, Christy Semmens 以及珊瑚礁教育和环境基金会(the Reef Education and Environment Foundation), 还有 Klaus Steifel。

我要向我的导师兼老板 Cheryl Dahle 表达最深的感激，她从一开始就支持我的想法。在组织创建中您的领导力是极其少有的天赋，引导着每个成员茁壮成长，也让我每天都因此心存感激并时刻受到启发。此外还要感谢您在我最需要的时候，总是给我有深刻见解的意见、幽默感和现状核实。我所有 Future of Fish /Flip Labs 的同事，我要感谢你们的耐心和帮助——你们为了在这个世界上创造积极改变所做的不屈不挠的努力简直令人振奋，而我期待继续与你们"争论"下去。特别感谢 Colleen Howell 博士支持着研究部门，并且一次又一次地给出极有洞察力的反馈意见。

哦，还要向特别有才的 Missy Chimovitz 和反重力工作室（Antigravity Studios）表示感谢：你的诙谐、异想天开和精彩的插图给这些章节带来了我做梦都想不到的生命力——告诉你吧，这很重要。感谢你一如既往地支持我的幻想，也为我们带来你那了不起的幽默感和创造力。你的友谊和才华是非凡礼物，而我对此表示由衷的感激。

我知道这是一句非常糟糕的双关语，但我也必须说，写作这本书对我而言是用了将近 10 年的时间做爱做的事。其间我经历了 7 次搬家、3 次工作变动以及初为人母的日子。对一个想法能够坚持到底，只有得到家人和朋友的支持才有可能。为了在餐桌上总是听我关于海洋生物繁殖策略思考的这份耐心，我要恭敬地感谢 Andersons 和布里亚星期五之夜（Cambria Friday Night）的全体成员。我要感谢"小妈妈们"（Lil'Mamas）总是给我形形色色关于性的委婉说法。衷心感谢我永远的啦啦队"Mag 7"关于如何让话题既幽默又严肃的建议，并且帮我掌握段子的分寸——女士们，没有你们，我做不到这一点。对所有在各个阶段为我提供编辑并贡献想法的人，非常感激你们的好意、修改和鼓励，特别是 Gen Marvin, Sarah Kalloch, Ann Johnson, Frances Lloyd, 还有 Rebecca Marsick。

感谢 Maxine Lobel 和 Chuck Lobel、Corky Tamboer 和 Olga Tamboer，

感谢你们将房子租给我，让我拥有一个安静的写作空间；还要感谢无数的咖啡店老板，从夏威夷、加利福尼亚、康涅狄格到科罗拉多。感谢 Jane Hirsh，帮我在前期启动了写作，并提供了有价值的研究。

向我的爸爸和妈妈表达无尽的爱和感激，他们迅速摆脱了父母和孩子讨论性时内心的尴尬感，无数次热切讨论水下阴茎的迷人世界。特别感谢我妈妈艰难地前前后后多次翻阅草稿。衷心感谢我的妹妹和妹夫，给我提供了只有亲兄妹才能提出的建设性批评。

还有 Maddox，谢谢你长久以来和稿纸分享着你的妈妈。10 年后，你可能会觉得极其尴尬，但是在此之后几年内，我希望你会懂得这件事对你来说有多重要。

最后，也是最重要的，我向使这一切成为可能的人表达无尽的感激。谢谢你，Steve，在我最需要的时候，是你潜入深海并把我拉到阳光下的浅滩上。你让这陆上的生活如此美好。

著作权合同登记号：图字 01-2017-2034 号

图书在版编目（CIP）数据

海洋中的爱与性 / (美) 玛拉·J. 哈尔特著；黄波

译. -- 沈阳：辽宁科学技术出版社, 2025. 1.

ISBN 978-7-5591-3959-7

Ⅰ. Q178.53-49

中国国家版本馆CIP数据核字第2024AC5073号

出 版 者：辽宁科学技术出版社

（地址：沈阳市和平区十一纬路25号 邮编：110003）

印 刷 者：大厂回族自治县德诚印务有限公司

发 行 者：未读（天津）文化传媒有限公司

幅面尺寸：710mm×1000mm，16开

印 张：15.25+0.5彩插

字 数：256千字

出版时间：2025年1月第1版

印刷时间：2025年1月第1次印刷

选题策划：联合天际

责任编辑：张歌燕 马 航 于天文 王丽颖

特约编辑：边建强 王羽鬲

美术编辑：王晓园 梁全新

封面设计：奇文雲海[qwyh.com]

责任校对：王玉宝

书 号：ISBN 978-7-5591-3959-7

定 价：59.00元

关注未读好书

客服咨询